新型农民现代农业技术与技能培训丛书

池塘成鱼养殖工培训教材

沈建忠　马徐发　编著

金　盾　出　版　社

内 容 提 要

本书是“新型农民现代农业技术与技能培训丛书”的一个分册，由华中农业大学沈建忠教授等编著。内容包括：池塘成鱼养殖工的岗位职责和素质要求，我国主要淡水养殖鱼类，成鱼养殖设施，水质管理，鱼种放养和投喂管理，成鱼养殖技术，成鱼养殖模式及操作实例。本书语言通俗易懂，技术实用性、可操作性强，可供各级淡水鱼养殖企业或单位池塘成鱼养殖工的岗位培训，亦可供广大基层养殖户和农业院校相关专业师生阅读参考。

图书在版编目(CIP)数据

池塘成鱼养殖工培训教材/沈建忠，马徐发编著．—北京：金盾出版社，2008.7

(新型农民现代农业技术与技能培训丛书)

ISBN 978-7-5082-5154-7

Ⅰ.池…　Ⅱ.①沈…②马…　Ⅲ.池塘养殖：鱼类养殖—技术培训—教材　Ⅳ.S964.3

中国版本图书馆 CIP 数据核字(2008)第 074493 号

金盾出版社出版、总发行

北京太平路 5 号(地铁万寿路站往南)

邮政编码：100036　电话：68214039　83219215

传真：68276683　网址：www.jdcbs.cn

封面印刷：北京印刷一厂

正文印刷：京南印刷厂

装订：桃园装订厂

各地新华书店经销

开本：850×1168 1/32　印张：5.25　字数：120 千字

2009 年 12 月第 1 版第 2 次印刷

印数：10001～18000 册　定价：9.00 元

新型农民现代农业技术与技能培训丛书

编委会

序　言

中共中央、国务院[2007]1号文件明确指出，加强"三农"工作，积极发展现代农业，扎实推进社会主义新农村建设，是全面落实科学发展观、构建社会主义和谐社会的必然要求，是加快社会主义现代化建设的重大任务。

我国农业人口众多，发展现代农业、建设社会主义新农村，是一项伟大而艰巨的综合工程，不仅需要深化农村综合改革、加快建立投入保障机制、加强农业基础建设、加大科技支撑力度、健全现代农业产业体系和农村市场体系，而且必须注重培养新型农民，造就建设现代农业的人才队伍。

胡锦涛总书记在党的十七大报告中进一步指出，要培育有文化、懂技术、会经营的新型农民，发挥亿万农民建设新农村的主体作用。

新型农民是一支数以亿计的现代农业劳动大军，这支队伍的建立和壮大，只靠学校培养是远远不够的，主要应通过对广大青壮年农民进行现代农业技术与技能的培训来实现。金盾出版社在对农业岗位培训进行广泛调研的基础上，与中国农业大学老科技工作者协会、华中农业大学老教授协会等单位共同策划，约请数百名农业专家、学者参加，组织编写了"新型农民现代农业技术与技能培训丛书"（以下简称"丛书"）。"丛书"坚持从现阶段我国青壮年农民的文化技术水平出发，突出现代农业技术与技能的传授，注重其先进性和实用性；"丛书"以教材形式编写，共有88个分册，涉及81个农业岗位，除水稻农艺工、蔬菜园艺工、蔬菜植保员、果树植保员分南方本和北方本外，其他均为一个岗位一本培训教材，以方便县（市）、乡（镇）、村组织新型农民培训和农业企业进行岗位培训时选用。“丛书”的组编和出版，还得到了河北农业大学、沈阳农业大学、西北农林科技大学、甘肃农业大学、北京农学院、山东畜牧兽医职业技术学院、大连民族学院、中国农业科学院茶叶研究所、中国农业科学院油料研究所、中国农业科学院郑州果树研究所、中国农业科学院特产研究所、中国农业科学院桑蚕研究所、中国养蜂学会、内蒙古自治区农牧科学院、甘肃省蔬菜研究所、山东省果树研究所、广西壮族自治区柑桔研究所、山西省畜牧兽医研究所等单位部分专家、教授的支持和参与，并列入劳动和社会保障部《全国职业培训与技能鉴定用书目录》，进行推荐，使我们深感欣慰，在此表示衷心感谢。我们希望和相信，通过“丛书”的出版发行，能为新型农民队伍的发展壮大贡献一份力量，也能为现代农业技术与技能培训积累一些可供借鉴的经验。

“丛书”编写时间有限，各分册存在不足或错漏在所难免，恳请同仁和各使用单位批评指正。

编 委 会

2008 年 1 月

前　言

我国是世界上水产养殖产量最多的国家，养殖总产量约占世界总产量的 2/3。水产养殖为解决人民群众对优质蛋白质的需求，改善膳食结构和营养水平，提高生活水平做出了巨大的贡献。成鱼养殖是水产养殖全过程的终端，是最终实现水产品面市，决定水产养殖效益的重要环节，更影响着水产养殖发展的方向。为了贯彻“全民科学素质行动计划纲要”，提高现代新型农民的科学素质，特编写了此池塘成鱼养殖工培训教材。使具有初中以上文化的青年农民，通过培训或自学，具备适应现代先进农业科学技术、现代社会和经济发展需要的业务素质，掌握成鱼养殖先进技术，紧跟水产养殖发展步伐，推动当地水产养殖的进步和发展，为建设社会主义新农村做出应有的贡献。

本教材较为系统和详细地介绍了我国常见的传统养殖鱼类，以及新近发展起来具有一定发展潜力的新兴养殖鱼类的成鱼养殖技术。包括与成鱼养殖相关的生物学基础知识，如生态需求、食性和饲料营养需求等，以及养殖方式和配套设施，饲养技术和管理等内容。在着重介绍实际应用技术的同时，还适当介绍了相关的理论和基本知识，使成鱼养殖工在实际应用中能“知其然，知其所以然”，不拘一格，从而更好地发挥其主动性，在本职岗位上起到更大的作用。

由于时间仓促，水平所限，书中难免有不当之处，敬请广大读者批评指正。

编　者

2008 年 3 月

目　录

第一章　池塘成鱼养殖工岗位职责和素质要求

一、岗位职责

成鱼养殖是将鱼类从鱼种饲养到供人们食用的商品鱼规格，满足市场需求，取得经济效益的生产过程，是水产养殖全过程中的终端环节。池塘成鱼养殖工是水产养殖场商品鱼养殖管理的骨干力量，要求在单位分管技术工作的领导和组长的领导下，在技术人员的指导下开展工作，完成单位所制定的年度成鱼生产任务。其具体职责如下。

（一）养殖设施及设备的准备、维护和改造

协助技术人员，根据当地水体、水质条件和养殖鱼类特点，选择合理的养殖方式，准备好相应的养殖设施和必需的设备，对过时、不实用的设施和设备进行改造升级，并做好日常的维护工作。

（二）优良品种的选择和放养

协助技术人员把好鱼种选择、放养关，保证放养鱼种质量，提高成活率。

（三）饲料投喂

协助技术人员选择合适的饲料，做好投喂工作，观察饲养效果，总结饲养经验。

(四)水质监控和防治鱼病

坚持每天巡视观察,及时发现水质变化和鱼类活动的异常,上报情况,协助技术人员做好水质调控和鱼病防治工作。

(五)日常管理

做好防逃、防盗等安全工作,做好养殖生产记录。

(六)其　他

注意调查研究,定期总结各阶段工作的执行情况,发现问题及时向领导反映,并提出合理化建议;积极参加生产单位进行的有关成鱼养殖的科学试验工作。

二、素质要求

(一)思想品德素质

第一,遵守国家相关部门制定的有关渔业生产的各项法律、法规。遵守生产单位的有关规章制度和成鱼养殖管理的有关规定及生产操作规程。

第二,具有良好的职业道德与品德修养。服从统一指挥与安排,明确职责分工,各司其职,团结协作。具有开拓与创新意识,有求实和奉献精神。作风正派,能团结同事,并虚心向他人学习。

第三,热爱本职工作,有责任感。工作踏实、勤奋、认真细致,不畏艰苦。

(二)业务素质

熟悉成鱼养殖生产的全过程。基本了解与本门业务有关的专业基础理论和基础知识。掌握有关成鱼养殖的基本技术与操作技能。在技术人员指导下,完成成鱼养殖的各项管理工作。

第二章　我国主要淡水养殖鱼类

我国幅员辽阔，河流及附属湖泊众多，重要的水系有长江、黄河、松花江、珠江、辽河、海河、淮河等，鱼类物种丰富，仅淡水鱼类就有约800种，其中约一半种类属于大型或中型个体，都是具有经济价值的鱼类。这些鱼类因起源不同，对温度、溶氧、盐度等环境条件的适应力和要求有差异，栖息环境、活动习性、食性和营养特点等也有所不同，可满足我国不同地区气候和饲料来源条件的养殖要求。我国淡水鱼类大多是广温性鱼类，如我国四大家鱼（青、草、鲢、鳙），适应温度的范围广，即使在北方也能自然越冬，生长期也较长，适合我国南北各地养殖；有少量是热带性鱼类，对低温适应能力差，如鲮、胡子鲇等，不能在长江以北自然越冬，生长期相对较短，因此一般在南方或有温泉水或电厂余热水的地区养殖；也有一些冷水性和亚冷水性鱼类，如鲟鱼、狗鱼，对高温敏感，适应能力差，适宜在北方或有地下水降温或溪水、水库底层水的地区养殖。我国的淡水鱼类食性多样，有浮游生物食性的，如鲢、鳙，以其特化的鳃耙器官过滤浮游植物和浮游动物为食；有碎屑食性的，如细鳞鲴等鲴类，以有机碎屑和着生藻类为食；有草食性的，如草鱼、团头鲂等，以苦草、眼子菜等水生植物为食；有温和肉食性的，如黄颡鱼以水生昆虫和小鱼虾为食，青鱼以螺等为食；也有凶猛肉食性的，如南方鲇、鳡、翘嘴鲌、鳜、狗鱼等，主要以其他鱼类为食。而且我国养殖历史悠久，重视野生种类的驯化养殖，经过多年驯养和培育，很多野生种类已经成为养殖种类，因此适于养殖的鱼类不少于50种。除了传统的四大家鱼、鲤、鲫、鳊、鲂、鲮外，鲴类（细鳞鲴、黄尾鲴）、鲌类（翘嘴鲌、蒙古鲌）、鳜类（鳜、斑鳜）、鲇类（南方鲇、鲇、怀头鲇）、胡子鲇、黄颡鱼类（黄颡鱼、瓦氏黄颡鱼）、倒刺鲃类

(中华倒刺鲃、光倒刺鲃、倒刺鲃)、鳢类(乌鳢、斑鳢、月鳢)、斑鳠、长吻鮠、岩原鲤、厚颌鲂、黑尾近红鲌、华鲮、花䱻、黄鳝、泥鳅、白斑狗鱼、丁鱥、河鲈、梭鲈、鲟类(施氏鲟、中华鲟)、鳡等均被驯化饲养成功,成为新兴的养殖推广对象。此外,近年来我国从国外引进了大量养殖鱼类,如斑点叉尾鮰、罗非鱼类(尼罗罗非鱼、奥里亚罗非鱼等)、淡水白鲳、巴西鲷、匙吻鲟、加州鲈、淡水鲨(苏氏圆腹𩷶)、宝石鲈、太阳鱼、淡水石斑鱼等。一方面满足了人们对水产品多样化的需求,另一方面对提高水产养殖的经济效益起到了积极作用。众多生态习性不同的养殖鱼类为养殖者提供了丰富的选择对象,养殖者需要从商品鱼市场需求、当地气候和水体条件、饲料来源、资金投入等多方面考虑,选择合适的养殖对象、养殖方式和养殖密度等。选择养殖对象的原则如下。

一是根据市场需求,确定合适的养殖对象。养殖规模大的可以从国际、国内其他地区总的市场需求考虑养殖种类;小规模的养殖者最好立足于本地市场需求,或基于规模效应专业化生产考虑选择种类,以减少市场销售成本,规避市场风险。

二是根据当地气候、水源和水质条件及水体状况,确定合适的养殖对象。南方温度高,生长期长,有的地区甚至可周年养殖,热带鱼类、温水性鱼类均可养殖,但对冷水性鱼类,应注意避免高温影响的条件和设置相应设施;而对低温冰冻地区,适宜养殖广温性和冷水性鱼类,选择养殖热带性鱼类要注意养殖季节或建设保温越冬设施,避免冻伤或死亡。水源充足、水质好,可以养殖对溶氧要求高的鱼类;条件差的水体,适宜养殖耐受力强的种类。有冷水资源的可考虑养殖虹鳟、鲟鱼、狗鱼、高白鲑等冷水或亚冷水性鱼类;有温泉水或冷却余热水资源的,可考虑养殖热带性鱼类。

三是根据当地饵料资源和资金状况,确定合适的养殖对象。野杂鱼等动物饵料资源丰富或投资较大的,可考虑养殖肉食性的高档鱼类;动物蛋白来源困难或投资较小的,宜选择草食性或杂食性的鱼类。多种类混养、套养是提高养殖产量和效益的有效手段，选择混养、套养对象要考虑其栖息水层、食性之间的差异。

现将我国目前主要淡水养殖鱼类及一些具有推广价值的新兴养殖鱼类的生物学特性介绍如下，供养殖者确定养殖对象时参考。

一、传统养殖鱼类

（一）青　鱼

地方名黑鲩，鲤科，雅罗鱼亚科。青鱼肉厚刺少，富脂肪，味鲜美，每 100 克鱼肉含蛋白质 19.5 克、脂肪 5.2 克。生长快，最大个体可达 70 千克以上。分布于我国东北部、中部、东南部地区的江河中，封闭的水库、湖泊没有自然分布。

青鱼体延长，呈圆棒形。头稍尖，吻钝，口端位，弧形，上颌稍长于下颌，向后延伸至眼前缘下方。眼适中，位于头侧面的中部。背鳍条 3，7～8（即硬刺 3 根，软鳍条 7～8 个），侧线鳞 39～45 枚。咽齿 4/5（即左边 4 个，右边 5 个），臼状，表面光滑。体被较大的圆鳞。体色青灰，背部较深，腹部灰白色，各鳍均为黑色。

青鱼属温水性淡水鱼类，栖息于江河、湖泊、水库的中下层。性情温和，常藏身于石头缝隙或水生植物丛中。喜清新水质，耐肥水的能力比草鱼强。肉食性，主食螺蛳、蚬及蚌等，也食虾类和水生昆虫，在幼苗阶段，则以摄食浮游动物为主。在人工养殖条件下，可摄食配合饲料，喜食豆饼、糠饼、麦麸等。

青鱼生长较快，长江中的 1 龄青鱼体重达 0.46 千克，2 龄约 2.93 千克，3 龄约 7.63 千克，4 龄约 12.78 千克，5 龄约 16.65 千克，6 龄约 20.23 千克，7 龄约 23.03 千克，以 3～4 龄增长最快。在池塘养殖条件下，受饵料、水质等影响，生长比天然水域慢。我国池塘饲养主要集中在江苏、浙江两省。第一年可长到 50～150 克，第二年500~750克,第三年可达2.5千克以上,食用鱼规格为2~5千克,养殖周期为2~4年。

(二)草 鱼

地方名鲩鱼,鲤科,雅罗鱼亚科,草鱼属。是鲤科鱼类中的大型经济鱼类,肉厚刺少,每100克鱼肉含蛋白质17.9克、脂肪4.3克。目前发现最大个体35千克。分布于我国东北部、中部、东南部地区的江河中,封闭的水库、湖泊没有自然分布。

草鱼体延长,呈圆柱形或圆筒形。口端位,上颌稍突出于下颌。头中等大小而较宽,吻短而较圆。背鳍条3,7,臀鳍条3,8,侧线鳞35~42枚。下咽齿2行,2,5~4,2(左面下咽齿2行,为2颗和5颗;右面下咽齿2行,为4颗和2颗),齿侧呈梳状,齿冠有节齿,两侧为锯齿状。体被圆鳞,较大。体呈茶黄色,背部青灰色,腹部银白色,各鳍均为淡灰色。

草鱼生活于水体的中下层,性情活泼,游泳快,受惊时会跳出水面,喜清新的水质。在被水淹没的浅滩草地和泛水区域及水草丛生的湖泊、河道中生活。以水生植物及江湖岸边被淹没的陆生植物为食。在人工养殖的条件下,摄食豆饼、糠饼、麦麸等。草鱼对草类的消化率较低,摄食量较大,对草类的摄食量约为体重的40%,最大可达60%~70%。草鱼净增重1千克,需水草60~80千克或黑麦草20~25千克。

草鱼生长很快,体重增长最快的时期为1~2龄。长江中的1龄草鱼体重约0.78千克,2龄约3.6千克,3龄约5.4千克,4龄约7千克,5龄约8.1千克。以2~3龄增长最快。在池塘养殖条件下比在天然水体生长缓慢。食用鱼规格要求因地而异,在江西、湖南等地一般为1~1.5千克,江苏、浙江、湖北等地3~5千克的规格更受欢迎。养殖周期为2~4年。

(三)鲢

地方名白鲢,鲤科,鲢亚科。分布于我国东北部、中部、东南部地区的江河中,封闭的水车、湖泊没有自然分布。最大个体可达20千克。

鲢体侧扁,稍高。腹部狭窄,腹棱似刀口状,腹棱自胸鳍起直达肛门处。头大,约为体长的1/4。眼较小,位于头侧中轴线之下。口较大,口裂倾斜向上,下颌稍向上突起。鳃孔大,鳃盖膜较宽,鳃耙特化,彼此相互联合呈海绵状的膜质片。长有鳃上器。体被细小圆鳞,侧线鳞101~120枚。咽齿4/4,齿面有细纹和小沟。背鳍无硬刺,较短,鳍条为3,7。臀鳍中等长,其起点在背鳍基部的后下方,臀鳍条3,12~14。背部带棕黑色,其余部分均为银白色。

鲢栖息在水体上层,喜在浮游生物丰富的水体中生活,行动敏捷、性情急躁,网捕时易跳出网外,遇水流易逆水潜逃。鲢是典型的滤食性鱼类,依靠致密的鳃耙器官滤食浮游生物,食性以浮游植物为主,浮游动物为辅,还摄食有机碎屑、细菌和溶解有机物絮凝的食物团及人工投喂的豆饼、糠、麸等饵料。

鲢生长很快。从2龄到3龄,体重可由1千克增至4千克。长江中的1龄鲢体重达0.49千克,2龄为2.03千克,3龄为3.5千克,4龄为5.31千克,5龄为7.62千克,6龄达10.76千克。以3~6龄体重增长最快。黑龙江和珠江流域产的鲢个体较小。在长江中生长的个体大,生长也最快。在池塘饲养条件下,其生长比在天然水体慢。食用规格一般为0.5~1千克。养殖周期为2年。

(四)鳙

地方名花鲢、胖头鱼,鲤科,鲢亚科。分布于我国东北部、中部、东南部地区的江河中,但封闭的水库、湖泊没有自然分布。肉质细嫩,头部富含胶质,每100克鱼肉含蛋白质17.9克、脂肪4.3克。目前发现最大个体体重达50千克。

鳙体侧扁,稍高。腹棱自腹鳍基部起至肛门处为止。口端位,口裂稍向上倾斜。吻圆钝而宽阔。眼较小,位于下侧。头较肥大,故又有大头鱼之称。咽齿4/4,齿面光滑,无细纹和小沟。鳃耙排列紧密,状如栅片而不愈合,有鳃上器。背鳍短,其起点在腹鳍的起点之后,背鳍条3,7,臀鳍起点在背鳍基后的下方,臀鳍条3,11~14。侧线鳞95~115枚。头部、背部灰黑色,间有浅黄色,腹部银白色,身体两侧散布着不规则的黑色斑点,故有花鲢之称。

鳙栖息于水的中上层,但越冬期要进入水体的最深部位,喜在浮游生物丰富的水体中生活。性温驯,行动迟缓,受惊也不逃窜,网捕时不跳跃,具有生长快、疾病少、不需专门投饲的特点,能适应各种水体(池塘、湖泊、水库)。易捕捞。鳙也是依靠鳃耙滤食浮游生物,以浮游动物为主,也摄食部分大型浮游植物,还摄食有机碎屑、细菌和溶解有机物絮凝的食物团及人工投喂的豆饼、糠、麸等饵料。

鳙生长比鲢稍快。长江中的1龄鳙体重约0.27千克,2龄为2.6千克,3龄为10.1千克,5龄为13.5千克,6龄为16.6千克,7龄为20千克,8龄为21.5千克。以3龄体重增长最快。在池塘养殖条件下生长稍慢,食用规格为0.5~1千克,2.5千克以上的个体更受欢迎。养殖周期为2~3年。

(五)鲤

地方名鲤拐子、鲤子,属鲤科、鲤亚科。全国各水系中都有分布,世界上则遍及欧亚美等各大洲。每100克鱼肉含蛋白质17.3克、脂肪5.1克。目前发现最大个体体重达40千克。

鲤体形侧扁,略延长,背部呈弧形,腹部较平直。吻圆钝,可以收缩。口亚前位,有须2对,吻须较短,为颌须长的1/2左右。鳃孔较大,鳃盖膜与峡部相连。鳃耙较短,呈三角形。咽齿3行,1,1,3/3,1,1,内侧齿呈臼状。体被较大的圆鳞,侧线鳞33~39枚。背鳍和臀鳍都有1根坚硬的锯齿状硬棘,背鳍条3,15~22,臀鳍条3,5。背部暗黑色,体侧暗黄,腹部灰白色,尾鳍下叶呈橘红色,胸鳍、腹鳍、臀鳍都呈金黄色,但不如尾鳍下叶的颜色那么鲜艳。身体两侧鳞片的后缘有黑斑纹,交织成网纹状。

鲤喜栖居在水草丛生的浅水区以及水体的底层。适应能力强,能耐寒、耐碱、耐低氧。鲤幼鱼以摄食浮游动物为主,体长20厘米以后转食以摇蚊幼虫和寡毛类等小型底栖无脊椎动物为主要食物,1~2龄以上的个体则以各种底栖动物,如水生昆虫、螺蚬为主要食物,也摄食水草和藻类,故食性为杂食偏肉食性,容易驯化摄食人工饲料。吻部长而有伸缩性,能挖掘底泥中的底栖动物。喜弱光,喜活水,胆小,一有动静便立即逃窜。生性好动,到处游弋觅食,有逆水而上的习性。

鲤生长快,寿命长,个体大。当年鱼可长到0.25~0.8克(人工喂养),3龄鱼体重可达2千克。在江河、湖泊和大中型水库中,2~3千克以上的为数甚多。

鲤在我国有许多地方品种,也有一些国外引进品种。例如,兴国红鲤,原产于江西省兴国县,体形略长,具有育种价值;荷包红鲤,原产于江西婺源县,体短而高,色红,形似荷包,故名,体重约比同体长的野鲤重23%~48%;散鳞镜鲤,20世纪60~80年代从前苏联、日本、德国引进,被鳞不完全,体侧有3排大鳞,体高,头小,含肉率高。

鲤在我国曾作为最重要的养殖鱼类之一,为提高生长速度,增加产量,各地采取了不同品种杂交制种的方法,利用杂交子一代的生长优势,为增产做出了一定的贡献,但由于当时没有严格规范育种及其杂交后代的管理,造成盲目杂交、种质混乱的局面,现在我国较纯的地方品种已经很难得到。目前推广养殖的品种主要是湘云鲤和建鲤。

建鲤系元江鲤(♂)×荷包红鲤(♀)杂交,建立家系,进行家系选育、系间杂交、生物工程技术及雌核发育(横交固定)等一系列育种技术和方法培育出的优良品种。建鲤的体形长,但不像野鲤那样瘦长;体色为青灰色;1、2龄生长快,抗病力强,起捕率高。建鲤的雌、雄亲鱼能自然产卵繁殖,后代仍然是建鲤,不同于一般的杂交鲤,需要年年杂交制种。

湘云鲤(原名工程鲤)是应用细胞工程技术和有性杂交相结合的方法培育出来的三倍体品种。具有生长快、肉质优、体形美、食性广、抗病力强、耐低温低氧、网捕率高、自身不繁育等优良经济性状。

(六)鲫

地方名鲫壳子、喜头鱼等。鲤形目,鲤科,鲤亚科。在我国自然分布的鲫属鱼类有2个种和1个亚种,即鲫、黑鲫和银鲫。鲫在我国地方品种很多,银鲫就有彭泽鲫、方正银鲫、淇河鲫、高背鲫、额河银鲫等,也曾从日本引进白鲫养殖。目前养殖品种主要有彭泽鲫、异育银鲫、湘云鲫。

鲫体侧扁,厚而高,腹部圆。头小,眼大,口端位,上下颌等长。鳃孔大,鳃盖膜与峡部相连,鳃耙细长,排列紧密。咽喉齿1行,4/4,齿形侧扁。体被较大圆鳞,侧线鳞27~30枚。背鳍和臀鳍都具有硬刺,后缘呈锯齿形,背鳍条3,15~19;臀鳍条3,5~6。体色背部呈灰黑色,腹部灰白色,其他各鳍灰色。

鲫生活适应性强,在各种淡水水域中都能生活,尤喜栖居在水草丛生的浅水区及水体的底层;食性为杂食性和广食性,主要以水生植物碎屑、硅藻、丝状藻以及大型浮游动物为食,亦摄食人工饵料。在我国南方,全年都能摄食,在黑龙江流域,在12月份完全停止摄食,而长至6~8厘米时,食物种类增加,除了浮游生物以外,还有高等植物的幼芽嫩叶碎片；长至10～15厘米以上时则多摄食底栖动物。

鲫自然条件下生长较慢，在自然水体中，1龄鱼体重71.6～95克，2龄鱼体重159～177克，3龄鱼体重约582克。最大个体可达1.5千克。在人工饲养条件下，特别是经选育的新品种，生长速度明显加快。

异育银鲫是以方正银鲫为母本，兴国红鲤为父本，经人工授精所产生的异精雌核发育子代。高背鲫，选择高体型银鲫作为母本，兴国红鲤作父本产生的异精雌核发育的子代，即获得高体型异育银鲫优良品系。高背鲫生活在水体中下层，喜集群，对水温的适应范围广，能在我国各地水体中生存，且对低溶氧有较强的忍受能力。高背鲫属杂食性鱼类，稚鱼阶段主要摄食浮游动物(包括小型枝角类、桡足类和轮虫)，长至5厘米时，开始转为摄食浮游植物、有机碎屑和人工投喂的商品饲料。

彭泽鲫，地方名芦花鲫、彭泽大鲫，系直接从野生彭泽鲫中选育出的优良品种。原产于江西省九江市彭泽县的自然水体中，因个体大、肉质鲜美在当地久负盛名、畅销不衰。彭泽鲫具有适应性强、生长速度快、易繁殖、抗病害能力强等优点，适合在池塘、湖泊、水库等水体中养殖。

湘云鲫，地方名工程鲫，是应用细胞工程和有性杂交相结合的生物工程技术手段培育而成的，以二倍体的红鲫为母本，湘江野鲤为父本杂交，育成的一种远缘杂交三倍体鱼。其生长速度比普通鲫鱼快1～2倍，具有生长快、自身不育、食性广、抗逆性强、耐低氧及低温、易捕捞、肉嫩味美、抗逆性强等优点。

白鲫，原名源五郎鲫、大阪鲫，又名河内鲫，产于日本琵琶湖，系经多年驯化和精心选育而得的纯系优良品种。1976年广东省从日本引进。其体色银白，鳃耙数结构和食性似白鲢，故名白鲫。白鲫体型大，高而侧扁，其背部隆起较明显，似驼背，头稍小，尾柄较细长，体色银白。鳃耙数较多，达 90～130，肠管长度为体长的 4.6～5.6 倍，雌雄比例为 1∶1。主要摄食浮游动、植物，在人工养殖条件下，喜食人工饲料。由于白鲫生活于水体中上层，因而易捕捞。

（七）鲮

鲤科，鲃亚科，鲮属。地方名土鲮、鲮公。主要分布在广东、广西、福建、台湾和云南部分地区，封闭的水库、湖泊没有自然分布。是一种生活在亚热带气候温暖地区的鱼类。

鲮体形延长侧扁，呈纺锤形，腹部较圆而无腹棱。头较小，口下位，呈弧形，上颌角质化，上颌具须 2 对，吻须较粗壮，颌须较短小或退化仅留痕迹。咽齿 3 行，5，4，2/2，4，5；齿形侧扁，齿狭而平直。尾鳍分叉较深。鳞片中等大小，侧线平直。背部青灰色，腹部银白，两侧胸鳍上方有 8～15 枚鳞片，具宝石蓝色，连成一块菱形彩斑。背鳍淡灰色，其余各鳍的末端呈赭红色。

鲮性活泼善跳，生活在水的底层，其对溶氧的要求较低，但对水温的要求较高，适宜生长水温 18℃～32℃，低于 13℃时停食，7℃以下死亡。鲮鱼杂食性，在天然水体中，主要摄食藻类、有机碎屑、浮游生物，也喜刮食水底岩石上的附着生物。在池养条件下，喜食各种商品饲料和配合饲料。适宜在肥水中养殖。

鲮为中型鱼类，天然水体中 1 千克以上者常见，最大个体可达 4 千克。池养的食用商品鲮，多以 0.3～0.5 千克重的个体上市。

（八）团头鲂和鲂

这两种鱼在分类上属于鲤科、鲂亚科、鲂属。该属鱼类主要有团头鲂、鲂、广东鲂和长体鲂等，其中团头鲂养殖最为普遍，鲂也已成为养殖对象，广东鲂也在产地周围地区开始试养。

1. 团头鲂　团头鲂原产于湖北梁子湖、淤泥湖和江西鄱阳湖,1972年以后遍布了全国各地。其体大肉厚,肉质嫩滑,味道鲜美。每100克可食部分含蛋白质20.8克,脂肪15.8克,钙155毫克,磷195毫克,铁2.2毫克。

团头鲂体略呈菱形,侧扁。腹部自腹鳍基部至肛门有腹棱。头小,吻圆而钝,口较宽阔,上下颌等长。体被较大圆鳞,侧线位于体侧中部的略下方。鳔分3室,中室最大,呈圆形,后室最小。腹膜灰黑色,体的背侧灰黑色,腹部灰白色。背鳍条3,7,具有光滑的硬刺。

团头鲂喜栖于湖泊中,平时生活于底质为淤泥、生长有沉水植物的中下层,水温低于8℃时就开始进入冬眠的状态,基本上保持不动或少动,摄食也比较少。冬季群集于较深的坑塘中越冬。团头鲂在含盐量较高(0.5%左右)的水体中能良好生长。团头鲂为草食性鱼类。仔、稚鱼的食物以枝角类及其他小型甲壳类为主;鱼种及成鱼以水生高等植物,特别是苦草和轮叶黑藻为主,也很喜食陆生禾本科植物和菜叶。

团头鲂在水草较丰盛的条件下,1冬龄体长16~18厘米,体重100~200克;2冬龄体长30厘米左右,体重300~500克;3冬龄体长39厘米左右,体重700~1 000克。池塘养殖一般是当年培育成大规格鱼种,翌年养成体重400~500克的商品鱼规格上市。

2. 鲂 原名为三角鲂,分布较为广泛,长江、钱塘江中下游、黑龙江、松花江、乌苏里江、嫩江及兴凯湖、镜泊湖等水域均有分布。

鲂体形与团头鲂相似.主要区别是:团头鲂口较宽,为平弧形,背鳍硬棘较短,约与头长相等,尾柄较高,大于尾柄长度,脊椎骨数36~40枚,鳔中室显著大于前室。而三角鲂口较窄,呈马蹄形,背鳍硬棘较长,明显地比头长,尾柄较长,尾柄高小于长度,脊椎骨数34~36枚,鳔前室显著大于中室。

鲂栖息于流水或静水水域的中下层,喜在有泥质或石砾底质、有沉水植物和淡水壳菜生长的区域肥育。鲂仔、稚鱼阶段以枝角类等浮游动物为食，幼鱼和成鱼主食苦草、轮叶黑藻等水生高等植物茎叶和碎屑，同时兼食淡水壳菜等软体动物和水生昆虫等。生长速度与团头鲂相近。在自然水体，当年可长至 80～150 克，2 龄可达到 300～600 克，平均 400 克，3 龄 800 克，最大可达 5 千克。适合在大水面中自然增殖和池塘、网箱等方式养殖。

(九)细鳞鲴

原名细鳞斜颌鲴，地方名沙姑子、黄尾刁、板黄鱼等，属鲤科、鲴亚科。鲴亚科鱼类常见种类有细鳞鲴、银鲴、圆吻鲴、黄尾鲴和扁圆吻鲴等，但养殖最多、生长最快的是细鳞鲴，其次为黄尾鲴。

细鳞鲴在我国大多数江河湖泊中均有分布，其肉质细嫩鲜美，食料来源广泛，饲养容易，可作为混养对象增加单位面积产量。

细鳞鲴体形侧扁，体延长而略高，腹部稍圆。背鳍具有不发达的硬刺。头小而尖，吻钝。口小，下位，呈弧形，下颌的角质缘比较发达，鳃耙薄，呈三角形。咽齿 3 行，2，4，6/6，4，2。主行齿侧扁，外侧 2 行纤细，常用于刮取食物。腹棱明显，其长度约等于肛门至腹鳍基后端的距离。鳞片较小，排列很密，侧线鳞 76～84。体色银白，背部灰黑色。

细鳞鲴属中下层鱼类，平时喜生活于江河干支流水域，秋季有一部分群体进入干流附属的湖泊或支流中进行索饵、肥育，冬季则又返回干流水深的潭穴中越冬。食性杂，自全长 2 厘米以上的夏花鱼种开始，除摄食少量浮游生物外，以腐殖质有机碎屑、着生硅藻和摇蚊幼虫等底栖生物为主要食物。

细鳞鲴生长在头 2 年速度较快，人工养殖条件下，平均 1 冬龄鱼全长 23 厘米，体重 112 克；2 冬龄鱼全长 34 厘米，体重 470 克；3 冬龄鱼全长 43 厘米，体重 650 克；4 冬龄鱼全长 45 厘米，体重 710 克。

二、近年推广养殖的鱼类

(一)黄　鳝

地方名有鳝鱼、长鱼和无鳞公子。属合鳃目、合鳃科、黄鳝属。广泛分布于我国除青藏高原外的地区及东南亚各国和日本南部,天然产量高,是一种重要的经济鱼类。黄鳝肉质细嫩,营养价值高,味道鲜美。含肉率为65%,鱼肉蛋白质的含量为18.8%,脂肪含量为0.9%,含有丰富的维生素A和不饱和脂肪酸。

黄鳝为底栖性鱼类,喜穴居。多生活在湖泊、塘堰、河道、沟渠、稻田及池沼中的底部,适应能力较强,但以腐殖质较多的泥底、偏酸性水域最为适宜。白天潜入泥底、池堤洞穴或石缝中,很少活动;夜间出穴觅食,活动频繁。

黄鳝的活动与水温关系密切,冬季有"蛰伏"习性。当水温下降到10℃以下时,便进入洞穴,进入冬眠状态。翌年春季,水温回升到10℃以上时又出穴活动和觅食。生存水温极限为4℃~40℃,最适生活水温为16℃~28℃。黄鳝口腔表皮能直接呼吸空气,因此对低氧的耐受能力较强,能够在水体溶氧条件很差的条件下生存,即使出水后,只要能保持皮肤的湿润,仍可存活相当长的时间。

黄鳝为肉食性鱼类,主要摄食浮游动物及水生昆虫,如枝角类、桡足类、摇蚊幼虫等,也捕食一些蝌蚪、幼蛙、小鱼、小虾及贝类等。黄鳝对食物很挑剔,要求新鲜可口。但经人工驯食,可以摄食人工配合饲料,摄食粗蛋白质含量40%~45%的饲料时生长良好。

黄鳝在自然条件下生长较慢,当年个体体长12.2~13.5厘米,体重6~7.5克;1龄个体28~33厘米,11~17.5克;2龄30~

40厘米,20～49克;3龄35～49厘米,58～101克;4龄47～59厘米,83～248克;5龄56～71厘米,199～304克;6龄68～75厘米,245～400克;7龄71～80厘米,392～752克。人工养殖条件下生长加快,养殖1年体长、体重达27～44厘米,19～96克;2年可长至45～66厘米,74～270克。最大个体可达70厘米,体重1.5千克。

黄鳝具有性逆转特点,一般出生到第一次性成熟为雌性,产卵繁殖后卵巢退化,精巢开始发育,逐渐变为雄性。因此,黄鳝小个体多为雌性,大个体多为雄性。一般在2龄前,体长38厘米以内为雌性;3龄开始转入雌、雄同体阶段,以后逐渐转为雄性;体长42厘米以上的黄鳝几乎全为雄性,以后性别就不再发生转变。但据观察,有少数个体体长达60厘米仍为雌性。

(二)泥　鳅

属鳅科、泥鳅属。泥鳅的生命力强、繁殖快、饵料杂、易饲养。泥鳅肉味鲜美,营养丰富,富含蛋白质、脂肪、核黄素、磷、铁等营养成分,是我国重要的出口水产品之一。

泥鳅体较长,前段稍圆,后段侧扁。头尖,眼小,口亚下位,唇发达,口须5对。鳞小,埋于皮下,背鳍和腹鳍相对,尾鳍圆形,基部有一圆形黑点。体灰黑色,并杂有许多不规则的黑色斑点,体色一般因生活环境不同而有所差别。腹部颜色较浅,体表黏液丰富。

泥鳅属底层小型鱼类,多栖息于静水及水体有软泥的底层,喜卧底、钻软泥,除特殊原因外,一般不到水体的上中层活动。适宜生长水温为15℃～30℃,最适生长水温为25℃～27℃,水温超过30℃或低于15℃时,食欲减退,生长缓慢。当水温在5℃以下或35℃以上及天旱少水时,它都会潜入泥层中进行“休眠”,只要土壤中稍有湿度能湿润皮肤,就能够维持生命。泥鳅除用鳃和皮肤呼吸外,还能进行肠呼吸,这是它特有的生理现象。

泥鳅为杂食性,在幼苗阶段,体长在5厘米以下时,主要摄食枝角类浮游动物。体长5~8厘米时,转变为杂食,除甲壳类、昆虫幼体、丝蚯蚓等底栖动物外,还摄食藻类、高等植物、有机残渣、碎屑等。体长长到8厘米以上时,则以摄食植物性饵料为主,如硅藻和高等植物的根茎叶及种子。泥鳅特别贪食,在天然水体中多在夜间摄食,产卵期和生长旺季,也在白天摄食。

泥鳅生长较慢,孵化后一个月长至3.5厘米,体重0.4克;孵化后9~10个月,体长达9厘米,体重为5~6克;第二年可长到10~12厘米,体重10~15克。

(三)鳜和斑鳜

均属鲈形目、鮨科、鳜鱼属。同属的常见种类还有大眼鳜、斑鳜、长体鳜、暗鳜、波纹鳜等,个体较大、经济价值较高的是鳜、大眼鳜和斑鳜,普遍养殖的是鳜,因其生长快、个体大;其次是斑鳜,因其肉质更佳,在韩国等地有一定市场需求,但生长较慢、个体较小。

1. 鳜 俗名翘嘴鳜,地方名桂花鱼、桂鱼、胖鳜、季花鱼、鳌花鱼、花鲫鱼、花花媳妇、锯婆子等。分布很广,除青藏高原外,我国所有江河湖库都有分布,以长江流域的湖北、江西、安徽等省产量较高。鳜肉质丰厚坚实,洁白细嫩,味道鲜美,无肌间刺,含肉率65.1%~69.3%,每100克鱼肉含蛋白质17.56克、脂肪1.5克。有淡水石斑鱼之称。

鳜体较高,侧扁(体长为体高的2.7~3.1倍),背部隆起,腹部圆。口裂大略倾斜,上颌骨末端伸至眼睛后缘。上下颌、犁骨和口盖骨均有大小不等的小齿。鳞片细小,侧线弯曲。背鳍较长,分为前后两部分,前半部的鳍条为硬刺状12根,后半部为软鳍条13~15根。腹鳍胸位。尾鳍圆形。体色黄绿色,腹部黄白色。体侧有大小不规则的褐色纹和斑块。自吻端穿过眼眶至背鳍前下方有一条黑色带纹,在第六至第七背鳍棘的下方有一条上下垂直的全身最大的褐色斑带。背鳍、臀鳍、尾鳍有棕色斑点连成的带纹。

鳜为底层鱼类,一般生活在静水或缓流的水体中,尤以水草茂盛的湖泊中为多,有卧穴的习性。适宜的生活水温为 7℃~32℃,最适生长水温为 18℃~25℃,水温低于 7℃时活动减弱,冬季往往游到河川的深水区越冬。

鳜为典型的肉食性凶猛鱼类。采取伏击偷袭方式捕食,对饵料有较强的分辨能力,终生以活鱼、虾为主要饵料。在天然水域中的鳜,全长为 10~16 厘米时,食物中虾的出现率为 83.3%,远远超过食物中鱼类的出现率。20 厘米左右时以小型鱼类和虾类为食。全长达 25 厘米以上则以大型鱼类为主要食物。鳜鱼苗孵出后开食就以其他鱼类的鱼苗为食,饥饿时自相残食。鱼苗阶段能吞食相当于自身长度 70%~80% 的其他养殖鱼类鱼苗。成鳜吞食的最大饵料鱼的长度为本身长度的 60%,而以 26%~36% 者适口性较好。在人工养殖条件下,将要死亡但尚能活动的鱼及在水流作用下呈动态的刚死不久的鱼或鱼形的配合饲料,也能诱发其摄食反应,在食物缺乏条件下,经人工驯养,也能少量摄食。对于死亡较久的饵料鱼,无论是鳜鱼苗、鱼种还是成鱼,都不摄食,即使摄入口中也会立即吐出。其摄食方式,在鱼苗阶段是主动追逐食物鱼,先咬住尾部,然后慢慢吞入。大鱼种和成鱼阶段,为埋伏袭击式。常在水中隐蔽,发现食物鱼时,眼睛紧盯,并随时调整方位和姿势,当食物鱼靠近时,便猛然出击,当头咬住,然后吞进,只要食物鱼的体高小于鳜鱼口裂的高度,一般都能吞入。

在饲养条件下,鳜鱼生长速度较快,一般当年可达到 50~100 克,第二年可达 0.5 千克,第三年可长到 1~1.5 千克。在饵料适口、充足的情况下,如鱼苗池套养,当年能达到 0.5 千克的商品规格,2 年达到 1~1.5 千克。

2. 斑鳜 体形较延长,略侧扁,背弧形,但不隆起,背厚,体形略带圆筒形,故又名圆筒鳜。体色较暗,一般为暗褐色,头部及鳃盖具暗色小圆斑,体表具有较多的大黑斑或古铜钱状斑,也称铜钱鳜,环斑周缘暗黑,而中央色淡。背鳍、臀鳍及尾鳍上有黑色斑点,并连成带纹,胸鳍、腹鳍淡灰褐色。

斑鳜也是典型的肉食性底层鱼类,广泛分布于江河、湖泊和水库,通常生活在静水或有一定微流水的较洁净的水体中,喜欢栖息在多石砾的流水环境中,具有喜藏身于岩缝、石砾中的生活习性,冬季栖于水较深的洞穴或水库的岩石缝中。在自然状态下,斑鳜比翘嘴鳜集群习性更明显,群体更大。在池塘养殖中起捕率比鳜高。

斑鳜以小型鱼类和水生昆虫幼虫为食。偶尔也会摄食蝌蚪和小蛙。在自然或养殖状态下,斑鳜成鱼的摄食高峰在夜间,明显集中于傍晚或拂晓,白天有卧穴习性。摄食有明显的季节性,6~7月份摄食最为旺盛,生殖季节摄食强度略有下降,冬季虽不完全停食,但显著减少。斑鳜的捕食方式为伏击式,摄食较小饵料鱼时,常将头部咬住、吞噬;摄食较大饵料鱼时,从饵料鱼的侧部和尾部咬住,然后调整至尾部吞噬。斑鳜驯化摄食死鱼或配合饲料时较鳜容易,需时较短。

斑鳜在自然情况下,一般1龄鱼体长9.5~13.6厘米,体重25.8~59克;2龄鱼体长16.2~18厘米,体重110~118克;3龄体长17~21.7厘米,体重120~250克。人工养殖状况下,生长加快,当年鱼体长可达18.2~23.6厘米,体重90.5~150.6克,平均132.5克;第二年体长为24.3~27厘米,体重175~315克。商品规格为250克以上。

(四)乌鳢、斑鳢和月鳢

这3种鱼类同属鲈形目、鳢科、鳢属。鳢属鱼类在我国共有8种,人工养殖的主要有3种,即乌鳢、斑鳢和月鳢,常被人们习惯统称为乌鱼,又称黑鱼、生鱼、财鱼、蛇头鱼、孝鱼等。乌鳢广泛分布于我国长江以北地区，斑鳢和月鳢分布在长江以南地区各类水域。其骨刺少，肉质细嫩，味道鲜美，营养十分丰富。据测定，每 100 克乌鱼肉中含有蛋白质 19.8 克、脂肪 1.49 克，并富含人体所需的钙、磷、铁、锌等营养元素。

1. 乌鳢　乌鳢体延长，圆筒状，前部圆，后部渐侧扁，在乌鱼中个体最大。头尖扁平如蛇头，头背面有七星状斑块。口大，端位，口裂倾斜。眼睛小。下颌向前突出，上、下颌骨具有尖锐细齿。鳃上腔有发达的鳃上器官。体灰黑色，体两侧各有 1 条侧线，侧面有许多不规则的黑色条纹，头两侧各有 2 条纵行黑色条纹。背鳍、臀鳍和尾鳍均有黑白相间的花纹，胸、腹鳍较小，而背、臀鳍较长，尾鳍圆形。腹部灰白色。

乌鳢喜栖息于沼泽、湖泊等水草繁茂、软泥底质的淡水区域，善跳易逃，对水体环境变化适应性很强，尤其对水体低溶氧的耐受性更强。当水中缺氧时可将头露出水面，借助鳃上器官呼吸空气中的氧气，即使没有水，只要体表和鳃部保持一定的湿度，仍可生存较长时间。其对水温适应的范围也较广，生存水温为 0℃～40℃，适宜生长水温为 15℃～30℃，冬季有蛰居水底埋在淤泥中越冬的习性。对水体的酸碱度和盐度适应性也很强，能忍耐的 pH 值范围为 3.1～9.6。

乌鳢是一种凶猛的食肉性鱼类。在自然水域中以小鱼虾、蛙类及其他水生动物为食。幼鱼以桡足类和枝角类等浮游动物为食饵。在一般池塘中，放养 10 尾左右乌鳢鱼种可有效控制野杂鱼的繁殖，降低饵料浪费。在人工养殖条件下，喜食各种动物鲜体，亦可驯化摄食人工配合饲料。其以潜伏袭击的方式摄食，平时潜伏在水草或其他杂物附近隐蔽起来，一旦看准有猎物靠近时，则以迅猛的姿态向前突击而捕获食物。体重 500 克左右的乌鳢能吞食 100～150 克重的鲫鱼、泥鳅、鳑鲏等其他鱼类。食量大，最大胃容量可达体重的 60%，夏季摄食最强，当水温降至 12℃以下时停止摄食,冬季一般不摄食。当食物不足或规格大小相差悬殊时,乌鳢有自相残食的习性。

乌鳢生长较快,特别是在水温 20℃以上时,生长速度最快。在人工饲养条件下,一般当年鱼体重可达 250 克,2 年可达 0.5~1 千克,饵料充足、水温等适宜条件下,当年能养成 0.5 千克以上的商品规格。最大个体可达 5 千克以上。

2. 斑鳢 斑鳢体形与乌鳢很相似,在外观上的主要区别是:斑鳢头部有近似“二八八”字样的斑纹,而乌鳢头部则为七星状斑块,乌鳢头部较斑鳢尖长,更似蛇头。斑鳢体色较灰白,背鳍前方不隆起,身体有斑状条纹,斑纹近圆形,沿体侧作 2 行排列,由眼到胸鳍基部有 1 条明显的黑纹,尾基有 2~3 条弧形横斑;而乌鳢体较乌黑,背鳍前方隆起,体侧有明显“八”字形排列的黑色条纹,尾基无弧形横斑。一般乌鳢的个体比斑鳢大。

斑鳢栖息于沼泽或水草茂盛的湖泊中,常潜伏于浅水水草多的水底。其对环境的适应能力很强,能耐低氧,即使离开水面,只要皮肤和鳃部保持一定的湿度,就能存活较长时间。斑鳢原产于热带,喜欢较高的水温,水温在 20℃以上时生长较快,夏季能耐高达 39℃~40℃的水温,秋季当水温降到 12℃时,即停止摄食,但也能忍耐低温,冬季潜伏于泥中停食静止越冬。斑鳢是一种凶猛的肉食性鱼类。捕食对象随其个体大小而异,幼鱼早期摄食桡足类和水蚤,稍长大后则摄食小虾、小鱼、蚯蚓和蝇蛆等活饵料,鱼体长到 8 厘米以上时,也摄食人工配合饲料。

斑鳢生长速度快,一般 1 冬龄体重达 95~760 克,2 冬龄达 625~1 395 克,3 冬龄达 1 467~2 031 克。

3. 月鳢 俗称七星鱼、山斑鱼。基本形态与斑鳢有些相似,体呈圆筒形,后部侧扁。头大,眼睛小,吻圆钝,口宽大。全身被鳞,头部两侧在眼睛后各有 2 条黑色的纵向带状纹伸至鳃盖,在背鳍和臀鳍上各分布有多行珍珠色亮点。与斑鳢和乌鳢的最大区别是月鳢没有腹鳍，而斑鳢和乌鳢有腹鳍。

月鳢属广温性鱼类，能在1℃～38℃的水温中生活，低于12℃或高于32℃时不摄食，适宜生长水温13℃～30℃，最适水温15℃～25℃。喜栖息于山地溪流处、水草繁茂的浅水池塘及水沟和稻田中，有喜阴、打洞、穴居、集群的生活习性。对环境适应力强。发现食物时能迅速突袭捕食，以小鱼、小虾、螺、水生昆虫等为食，也摄食水生植物，在人工养殖条件下也喜欢摄食配合饲料。

月鳢属小型鱼类，生长较慢，1龄鱼体长11.4～11.8厘米，体重25.2～26.8克；2龄鱼体长19.6～21.3厘米，体重109.8～137.5克，最大个体达500克以上。

（五）长吻鮠

俗名鮠鱼、江团、肥沱等，属鲇形目、鮠科、鮠属，全国各水系均有分布，为长江流域大型名贵经济鱼类。其肉质细嫩肥美，无细刺和体鳞，含肉率83.1%，鱼肉蛋白质含量16.11%、脂肪1.01%，其肥厚硕大的鳔可干制成名贵的鱼肚。湖北省石首出产的鱼肚，地方名“笔架鱼肚”，是享誉中外的名贵菜肴。

长吻鮠体粗且长，呈纺锤形，腹部圆。吻呈长锥形，向前方显著突出，口下位，呈新月形，唇肥厚。眼小如鼠，须4对较短，上下颌均具有锋利的齿。全身无鳞，皮肤具有发达的黏液细胞，能分泌酸性黏液，在体表形成极多的具有光泽的黏液层，以保护鱼体。背鳍、胸鳍均具有发达的锯齿状的硬刺。背鳍后方有一特别肥厚的脂鳍。体背部青灰色，个别个体呈淡红略带古铜色，腹部白色。背侧间有不规则灰色斑块。

长吻鮠广泛分布于长江干、支流水域，通常栖息于缓流深水的乱石中，不打洞，但有钻缝的习性。喜阴，畏光，白天常潜于池塘边角和底部凹凼里，夜间则散开到水面觅食。长吻鮠能在淡水和半咸水中生活。喜偏碱性的水体，pH值在7.5～8.5时生长良好。

对水中溶氧要求较高，水温 24℃~26℃条件下，溶氧量高于 5 毫克/升生长良好；2.5 毫克/升时，出现浮头；1.2 毫克/升时，导致死亡。水浑浊度对幼苗的影响大，容易出现窒息死亡。生存水温为 1℃~38℃，能在野外自然越冬。适宜生长水温为 15℃~30℃，最适生长水温为 25℃~28℃，水温在 10℃以下或 30℃以上基本停食。对水温骤变比家鱼敏感，苗种一般不能超过 ±2℃，成鱼也不超过 ±3℃。

长吻鮠为温和的肉食性鱼类，在自然条件下，主要以小型鱼类、虾和水生昆虫及水蚯蚓等为食。在人工养殖条件下，可以摄食鱼肉、螺蚌肉、蚯蚓等，经过驯化，可以很好地摄食人工配合饲料，但其主动抢食能力较差，远不及鲤、鲫和草鱼，混养时要注意。长吻鮠有较强的自卫能力，有带毒腺的硬刺，其他凶猛鱼类都不敢轻易捕食它。但它对其他经济放养鱼类的捕食能力不强，可以适当套养其他鱼类。

长吻鮠在天然情况下生长较慢，人工养殖条件下生长较快。池塘养殖条件下的当年苗种，4~5 个月体长可达到 15~25 厘米、体重为 40~150 克；第二年体长 30~40 厘米，体重 300~750 克；第三年体长 40~50 厘米，体重 1~2.5 千克；第四年体长 50~58 厘米，体重 2~2.5 千克；第五年体长 60~68 厘米，体重 3~4.5 千克；第六年体长 70~80 厘米，体重 4~5 千克。

(六)鲇　类

1. 南方鲇　又名大口鲇、南方大口鲇。地方名有大河鲇鱼、河鲇、叉口鲇、鲇巴郎等。属鲇形目、鲇科、鲇属。大口鲇分布于我国长江以南的各大江河水域中，以长江流域为主产区。南方鲇肉质细嫩、味道鲜美、肌间刺少，而且有滋补、益阴、利尿、通乳、消渴、治水肿等药用功效。

南方鲇体表无鳞，富有黏液。头部宽扁，胸腹部短胖，尾部长而侧扁。眼小,口大,口裂末端达到或超过眼中部的下方。上下颌分布有向内倒钩的细齿,成鱼有须2对,幼鱼阶段有须3对,上颌须达到胸鳍基部。背鳍短小,无硬棘;胸鳍有一硬刺,刺前缘具2~3排颗粒状突起,内侧光滑无锯齿状缺刻;臀鳍特长并与尾鳍相连;尾鳍不对称,上叶比下叶长。背部及体侧通常为灰褐色或黄褐色,腹部灰白色,有黑色小点,各鳍灰黑色。

南方鲇属温水性底层鱼类,生存水温为0℃~38℃,适宜生长水温为12℃~31℃,最佳生长水温25℃~28℃。生长水体pH值范围要求在6~9,最适pH值7~8.4。不耐低氧,当水中溶氧量在3毫克/升以上时生长正常,低于1毫克/升时就窒息死亡。多栖息于江河缓流区,营底栖生活,白天隐居,夜间活动觅食。3月初沿江河上溯洄游,9月份又陆续退回到河道深处或洞穴中越冬。在池塘中多在池底活动,但在深秋时节的晴好天气会集群到水面上"晒太阳"。喜集群,池塘养殖较易捕捞。

南方鲇属凶猛的肉食性鱼类,主要摄食鱼虾及其他水生生物,能捕食相当于自身长度1/3的鱼体。冬季减食或停食。在人工养殖条件下,能够改食配合颗粒饲料。南方鲇从仔鱼期开始就比较贪食,且生长较快,全长由1.2厘米增至3厘米,食量增加1倍多。仔鱼具有主动、集群捕食活饵的能力,而不摄食静止的死饵。但在饥饿状态下,会吞食人为造成的动态死饵。同类相残现象严重,能捕食相当于自身体长2/3的同类。

南方鲇以1~3龄生长速度最快。在人工养殖条件下,当年的鱼苗到年底,体重可达0.6~1.5千克,第二年2.25千克,第三年4千克。在长江流域以南地区,一年四季生长都较快,以夏秋季长势最旺,日增重达3~5克。

2. 怀头鲇 又称东北大口鲇和六须鲇,地方名怀头和怀子,属鲇形目、鲇科、鲇属,是一种大型凶猛肉食性鱼类,个体可达50千克以上。主要分布在黑龙江和辽河水系,具有适温广、生长快、个体大、饲养周期短的特点，特别适合北方水体养殖。

怀头鲇头部较长且宽扁，胸腹部短粗，尾部长且侧扁。眼小，口大，口裂达眼中部，牙齿细密锐利，上颌略短于下颌。终生存在3对须，上颌须1对，较长，往往超过头长，且末端具有螺旋状颗粒突，下颌有须2对，较大个体第二对下颌须有时折断。背鳍短小无硬刺；胸鳍有1枚硬刺，其内侧光滑无锯齿状缺刻；臀鳍特长并与尾鳍相连；尾鳍上叶稍长于下叶。体表无鳞，富黏液，有不规则的暗色斑纹，体色因生存环境而异，在清澈的水体中，腹部为白色或淡黄色，背部和两侧为金黄色；在较肥或浑浊的水体中，背部和两侧呈灰黑色，而侧线无论在哪种水体中都呈金黄色。

怀头鲇属温水性鱼类，生存水温为0℃～30℃，适宜生长水温为18℃～26℃。池塘人工养殖条件下，水中溶氧量在3.5毫克/升以上，即可正常生长。适宜生长的溶氧量范围为4.16～11.54毫克/升。而实验室内养殖的幼鱼，在溶氧量低于4.16毫克/升时无摄食行为。在自然水域中怀头鲇常栖息于河道和一级支流中，喜缓静水域，营底栖生活。白天潜伏在陡岸边水底，夜间到浅水间捕食。在池养条件下，仍保留昼伏夜出的习性。

怀头鲇是凶猛肉食性鱼类。在江河中主要捕食鱼类，也摄食蛙、鼠、水鸟及动物尸体等。试验中发现该鱼自残现象严重。全长15厘米的怀头鲇能将全长11厘米的同类完整地吞到胃里。可见该鱼能吞食长度为自身2/3的饵料鱼。饲养在水族箱中的怀头鲇幼鱼只摄食水蚯蚓、小杂鱼、鸡肠等动物性饵料，不摄食人工配合饲料。饲养在池塘中的怀头鲇幼鱼及成鱼除摄食活鱼外，还摄食死鱼、鸡肠和猪肺等，初步观察不摄食人工配合饲料。因此，养殖方式宜根据饵料来源确定，一般可采用成鱼池套养。为提高养殖产量和效益，应开展人工驯食，使其转化为摄食人工配合饲料。

怀头鲇生长速度很快，当年鱼苗在池塘中套养3个月，平均体重可达1千克左右，最大个体可达2千克以上。

(七)胡子鲇

地方名塘虱,属鲇形目、胡鲇科、胡鲇属。分布于我国长江以南的广东、广西、福建、台湾、云南、湖南和贵州等地。其肉质细嫩,营养丰富,是群众喜爱的滋补珍品。

胡子鲇体长形,后部侧扁,体表光滑无鳞,富有黏液。头扁平,吻宽钝,眼细小。口下位,口周围有须4对,颇发达。胸鳍有1根粗壮硬棘,背鳍、臀鳍特别延长。体色呈棕黄色或灰色,体腹下部灰白色或白色,背侧部色深,具有横向成行的小白点。背鳍条53~78;胸鳍条1,6~9;腹鳍条6。鳃耙数15~18。

胡子鲇为底栖性鱼类,具有钻穴营居的习性,常见有几十尾甚至上百尾聚集钻居于塘边管道、缝隙、洞穴之中。惧强光,白天多穴居,夜间活动和觅食。适应力强,耐低氧,在水中溶氧量0.8毫克/升以上的环境中能较好地生长;对盐度的适应范围为0~2%,最高极限为2.5%;在pH值4.8的酸性水体环境中仍能正常生长。但胡子鲇为热带、亚热带鱼类,对低温的耐受能力较差。在5℃~6℃的水体中持续几天会被冻伤或死亡。生活适温为25℃~33℃,水温14℃以上开始觅食活动。

胡子鲇是以动物性为主的杂食性鱼类,水生昆虫及其幼虫、水蚯蚓、枝角类、桡足类以及小鱼虾均是其食物。人工养殖条件下,可转食人工饲料。

(八)黄颡鱼和瓦氏黄颡鱼

属鲇形目、鮠科、黄颡鱼属。黄颡鱼,俗称嘎鱼、嘎牙子、黄姑、黄腊丁、黄鳍鱼等,在我国大部分地区的天然水体中均有分布,是常见经济鱼类。瓦氏黄颡鱼,也叫江黄颡,是黄颡鱼属中个体最大、生长最快的种类,最大可达1千克以上,但分布相对较窄,主要分布于长江干流及其通江湖泊中,对水质溶氧等要求较高。黄颡鱼肉质细嫩,味道鲜美,营养丰富,没有肌间刺,且有较高的滋补作用和药用价值。因此,深受大众喜爱,市场需求不断增长,特别是大规格的鲜活鱼更是供不应求,市场价格一直居高不下。

1. 黄颡鱼 黄颡鱼体表光滑无鳞,鱼体较长,腹部较平,体后半部侧扁。头部较大,扁平,吻钝圆,口下位,口裂较大。上颌具2排绒毛状细齿,下颌有1排。上颌须1对,较长,延伸过胸鳍基部;鼻须1对,长达眼后缘,颐须2对,外侧一对较内侧一对为长。背鳍棘前缘光滑,后缘有锯齿;胸鳍棘较发达,前、后缘均有锯齿;背鳍后方有1脂鳍。背部为绿黑色,体侧由2条黄色纵条和黄色横纹将底色分为暗色纵长斑块,尾鳍上、下叶各有1条暗色纵带,其体色可随环境变化而变化。

黄颡鱼常见于江河及其附属湖泊水体中,喜欢在静水或缓流中栖息活动,营底栖生活。畏强光,白天多潜栖于水底暗处,夜间四处活动觅食。幼鱼多在江湖的沿岸带觅食。对环境的适应能力较强,其生存水温为0℃~38℃,摄食水温为5℃~36℃,适宜生长水温18℃~34℃,最佳生长水温22℃~28℃。在水温达39℃时出现不适反应,40℃以上时死亡。对水体pH值的适应范围为6~9,最适为7~8.4。黄颡鱼对低氧环境有较强的适应力,只要保持一定湿度,即使离水数小时,还可生存。但人工养殖应注意其溶氧要求,据观察,黄颡鱼在水体中溶氧量高于3毫克/升时,生长正常,低于2毫克/升时会出现浮头,低于1毫克/升时,则会因缺氧而窒息死亡。

黄颡鱼为偏肉食性鱼类,食物中包括浮游动物、底栖动物、水生昆虫、虾、小型鱼类、鱼卵、植物茎叶和腐屑等。其食性随体长生长而发生一定改变,据对生活于湖北省梁子湖的黄颡鱼食性分析表明,体长2~4厘米的幼鱼主要以桡足类和枝角类为食,体长5~8厘米的个体主要以浮游动物及水生昆虫的幼虫为食,8厘米以上个体则摄食软体动物、小杂鱼虾等。黄颡鱼的食性也会随环境和季节而有所变化,在春季,常吞食其他鱼的鱼卵,寒冷季节,食物中小鱼较多。在饲养条件下,经驯食,黄颡鱼可摄食配合饲料。

黄颡鱼在野生状态下,生长速度较慢,1 龄个体平均体长 5.6 厘米,体重 5.7 克;5 龄个体平均也仅达 17.8 厘米,体重 81.3 克。人工养殖条件下,当年个体可达 50 克以上,第二年可达 150 克以上。无论在野生还是人工养殖条件下,黄颡鱼都表现出雄鱼生长快于雌鱼的特点。因此,采取人工选择或杂交选育等方式,提高雄鱼比例,可提高养殖产量。

2. 瓦氏黄颡鱼　瓦氏黄颡鱼体表光滑无鳞,体长形。头部稍扁平,头顶覆盖薄皮。口亚下位,上下颌有绒毛状细齿,上颌齿带 2 条,吻钝圆。背部隆起,胸腹部圆胖,尾柄侧扁较细长。须 4 对,均呈青黑色,上颌须末端超过胸鳍基部。背鳍刺比胸鳍刺长,后缘具锯齿;胸鳍刺前缘光滑,后缘也有锯齿。腹鳍末端达臀鳍,脂鳍基部稍短于臀鳍基部,臀鳍条 21～25,尾鳍深分叉。

瓦氏黄颡鱼与黄颡鱼区别为:瓦氏黄颡鱼身体较颀长,尾柄较细长,体侧呈浅灰黄色,无褐斑块。两者的分类区别是黄颡鱼头顶裸露,胸鳍刺比背鳍刺长,且前后缘均有明显锯齿,其鼻须一半为白色,另一半为黑色,上颌须达到胸鳍基部;瓦氏黄颡鱼头顶覆盖薄皮,胸鳍刺比背鳍刺短,前缘光滑无锯齿,4 对须皆为青黑色,上颌须超过胸鳍基部。

瓦氏黄颡鱼为温水性鱼类,生存温度 0℃～38℃,最佳生长水温 25℃～28℃;pH 值 6～9,最适 pH 值 7～8.4。瓦氏黄颡鱼耐低氧能力低于四大家鱼,水中溶氧量 3 毫克/升以上时生长正常;低于 2 毫克/升时出现浮头;低于 1 毫克/升时可窒息死亡。在自然环境条件下,栖息于江河缓流区石砾底质的水域,营底栖生活,畏强光,喜弱光,白天隐居,夜间到处觅食,喜在深水区洞穴中集群生活,而且有恋窝的习性。

瓦氏黄颡鱼是以肉食性为主的杂食性鱼类,其食性在不同生长阶段有所不同。仔鱼的开口饵料为小型枝角类、桡足类无节幼体、轮虫等,以后转为大型枝角类、桡足类,稚鱼阶段以水生昆虫及其幼虫、水生高等植物的种子和碎片等为食;长至 4~5 厘米可摄食较大的底栖动物、水蚯蚓、鱼苗、虾苗等;成鱼阶段喜食小鱼虾。在人工养殖条件下,体长 2.5 厘米以上可驯化摄食人工投喂的植物性饲料如豆粕、菜粕浆等。

瓦氏黄颡鱼是黄颡鱼属中生长最快的种类。在自然条件下,长江中下游中生长的 1 冬龄瓦氏黄颡鱼体长达 12.06~14.33 厘米,体重 36.7~56.8 克;2 冬龄体长 18.15~28.45 厘米,体重 125~600 克;第三年性腺成熟,生长转慢。在池塘养殖条件下,生长较快,一般当年鱼种体重 10~25 克,套养池里的个体可达 100 克以上,第二年年底可达 250~600 克。雄性生长明显快于雌鱼。

(九)翘 嘴 鲌

俗称白鱼、白条、翘嘴、翘壳、和顺等,属鲤科、鲌亚科、红鲌属,广泛分布在我国内陆水域,远近闻名的"太湖三白"之一——太湖白鱼以及我国淡水"四大名鱼"之一——东北兴凯湖大白鱼即是该种鱼类。红鲌属常见鱼类有翘嘴鲌、蒙古鲌、青梢鲌,有重要经济价值和养殖潜力的是翘嘴鲌和蒙古鲌,但翘嘴鲌与蒙古鲌相比,前者无论是个体大小,还是生长速度均超过后者。翘嘴鲌个体大,生长快,肉质洁白细嫩,味道鲜美,为鱼中上品,鲜食或腌食都十分可口,消费量大,市场广阔。

翘嘴鲌体长而侧扁,头背面平直,头后背部为隆起,体背部接近平直。口上位,下颌很厚,且向上翘,口裂几乎呈垂直。眼大,位于头的侧下方。下咽齿末端呈钩状。腹鳍基至肛门间有腹棱;背鳍具强大而光滑的硬刺;尾鳍分叉,下叶稍长于上叶。体背略呈青灰色,两侧银白,各鳍灰黑色。

翘嘴鲌栖息于湖泊、水库等大水体。成鱼一般在敞水区水体的中上层活动，游动迅速，性情暴躁，善跳跃。幼鱼成群生活在水流较缓慢的浅水区域。翘嘴鲌对溶氧的要求并不高，适合各种方式的养殖和长途运输。据测定，在水温27.5℃～28.0℃时，平均规格为4.4克和7.8克的翘嘴鲌苗种窒息点的溶氧量分别为0.4毫克/升和0.6毫克/升，与草鱼的窒息点相近。

翘嘴鲌为肉食性鱼类，食性随着个体长大发生显著变化，小个体主要以浮游动物、水生昆虫等为食；体长达20厘米以上，转为以小型鱼类为主要饵料；30厘米以上完全以鱼类为食。对食物的选择性很强，喜食中上层小型鱼类，在严寒的冬季及生殖期间照常摄食。人工养殖条件下，经过驯化能摄食鱼糜、冰鲜鱼虾和人工配合饲料。翘嘴鲌幼鱼人工配合饲料适宜蛋白水平为37.43%～41.15%，动、植物蛋白适宜配比为3:2，适宜的脂肪添加量为6.48%～8.78%，加工成膨化料，饲喂效果好。

翘嘴鲌生长迅速，最大个体可达10～15千克，常见个体0.5～1.5千克。一般情况下，翘嘴鲌的体长增长以第一年最快，第二年次之，从第三年开始，体长的年增长逐步减少。人工饲养条件下，经过8～10个月，体长7厘米左右的种苗多数能长成0.5千克以上的商品鱼。1、2龄鱼处于生长旺盛期，3龄以上进入生长缓慢期。雌鱼比雄鱼生长快，性成熟后生长速度也无明显下降。最大个体10千克以上。

（十）鳡

俗称黄钻、黄颊鱼、竿鱼、大口鳡等。分类上属于鲤形目、鲤科、雅罗鱼亚科、鳡属，是江河湖泊中的大型经济鱼类。在我国南北各大水系皆有分布。具有生长快、个体大、肉白细嫩、刺少等优点。目前3～4千克以上的大鳡鱼，在各地的冬季市场上，每千克售价高达40～60元，远高于普通鱼类。故经济价值高，开发养殖潜力巨大。

鳡体呈长筒形，稍侧扁，腹部圆，头尖长。口端位，口裂很深。吻尖，呈喙状。下颌前端有一角质凸起，与上颌的凹陷相吻合。无须，眼小，稍突出。体被小圆鳞。侧线完全。下咽齿3行，细而尖，末端呈钩状。鳃耙为长矛状，排列稀疏。背鳍较小，其起点较腹鳍起点略后，距尾鳍基较距吻端为近，胸鳍尖，远离腹鳍。腹鳍远离臀鳍，臀鳍起点位于腹鳍至尾鳍基之间的正中。尾鳍分叉很深，两叶末端很尖。肛门紧靠臀鳍起点。背部青灰略带蓝色，体侧略呈黄色，腹部银白色，背鳍、尾鳍深灰色，颊部及其他各鳍淡黄色。

鳡属温水性鱼类，生存水温为0℃～38℃，在我国南北河流曾广泛分布。生活在江河湖泊的中上层，矫健凶猛，游泳力极强，常四处游弋，追捕猎食其他鱼类，冲撞力极强，能轻易穿破一般网具，甚至洞穿鱼腹。亲鱼在春夏汛期到江河和大型水库上游激流处产卵。幼鱼进入通江湖泊中觅食、肥育。秋末以后，幼鱼和成鱼又到干、支流的河床深处越冬。

鳡属典型的凶猛肉食性鱼类。除仔鱼开口最初几天摄食浮游动物外，之后终生以捕食其他鱼类为生。捕食对象多为中上层鱼类，如鲌、鲴、鲢、鳙类等，较少捕食底层鱼。捕食方式为主动追击，穷追直冲，追上后一口将鱼拦腰咬住，再迅速颠动，将鱼从头至尾吞进腹中。人工驯养时，鳡鱼可摄食鱼块和死鱼，经驯食后可摄食配合饲料。

鳡贪食，生长十分迅速。按平均计算，1龄鱼体长为45.9厘米，体重900克；2龄鱼体长69.5厘米，体重3.4千克；3龄鱼体长87厘米，体重7千克。性成熟后，体长还在继续增加，最大个体长达2米，重达60千克。

（十一）倒刺鲃类

倒刺鲃类是近年来新兴的养殖对象，属鲤科、鲃亚科、倒刺鲃属。该属在我国常见的种类有倒刺鲃、光倒刺鲃（黑脊倒刺鲃）和中华倒刺鲃等。倒刺鲃和光倒刺鲃主要分布在长江以南的各水系，尤以广东、广西为多；中华倒刺鲃主要分布于长江水系，尤以上游支流较多。倒刺鲃肉质细嫩，味道鲜美，并具有药用之功效，深受消费者喜爱，是产区重要的经济鱼类之一。近年来由于天然资源衰竭，人工养殖逐渐兴起，特别是人工繁殖取得突破后，成为新兴推广养殖对象。

1. 光倒刺鲃　别名刺鲃、黑脊倒刺鲃，地方名青棍、青娟、光眼鱼、黄娟、光鱼、粗鳞鱼、石鲩等，主要分布于珠江、闽江、九龙江、海南、台湾等长江以南水系。光倒刺鲃体前部为圆筒形，后部侧扁。眼中等大，眼眶上缘具金黄色荧光。口亚下位，上颌及口角各具须1对。鳞片较大，侧线鳞22~27，背鳍前方有1根平卧前伸的倒刺，背鳍末根不分枝，鳍条柔软，这是与其他倒刺鲃的主要区别。

光倒刺鲃一般栖息于底质多乱石而水流较湍急的江河的中下层，尤喜在水色清澈的水域中栖息，性活泼善游。食性为偏动物食性的杂食性鱼类，主要摄食水生昆虫、小鱼、虾和植物碎屑等，在人工养殖条件下可摄食配合饲料，花生麸、豆饼、菜粕、饭粒、蚕蛹等，饲料来源广泛。适合在山塘、水库、网箱等水体交换条件较好的环境中养殖，在水质较好的池塘中也可进行饲养。当年鱼可长至每尾重100~200克，2冬龄鱼体重可达500克。50克的鱼种经1年的饲养可长到0.5千克以上。

2. 倒刺鲃　别名锯倒刺鲃，地方名青竹鲤、竹柏鲤、竹包。是广泛分布于珠江、闽江、沅江、钱塘江及海南岛、台湾的重要经济鱼类，在广东北江分布广泛，被当地视为名贵鱼类。

倒刺鲃与光倒刺鲃体形相似，区别是：体长形，略侧扁，背鳍不分枝，鳍条4条，第一根不分枝鳍条是一根平卧、埋于皮下的倒刺；最后不分枝鳍条仍为硬刺，后缘有锯状小齿。其与中华倒刺鲃的区别是：倒刺鲃背鳍起点位置在腹鳍起点之后上方，距吻端比距尾鳍基为远，侧线鳞26~33；中华倒刺鲃背鳍起点位于腹鳍起点之前上方,距吻端比距尾鳍基为近,侧线鳞 28~32,从鳃孔上角至胸鳍基部有 1 狭斜的黑色条纹。

倒刺鲃栖息于清澈的缓流中,为杂食性鱼类。主要食物为有机碎屑、一些丝状绿藻和硅藻,也摄食动物性饲料如淡水壳菜等。经人工驯化,可摄食配合饲料。据珠江水系西江的调查资料,雌性 1 冬龄平均体长为 20.3 厘米,2 龄鱼可达 27.6 厘米,3 龄鱼为 33.7 厘米,4 龄鱼为 40.3 厘米,5 龄鱼为 45.6 厘米,体重约 2.5 千克。性成熟年龄为 5 龄。另据珠江水产研究所等的调查,倒刺鲃在天然状态下实测,1 龄鱼体长平均 19.9 厘米,体重平均 209 克;2 龄鱼体长 27.8 厘米,体重 547 克;3 龄鱼体长 33.4 厘米,体重 915 克;4 龄鱼体长 40.6 厘米,体重 1.5406 千克;5 龄鱼体长 43.4 厘米,体重 2.1571 千克;6 龄鱼体长 51.5 厘米,体重 3.075 千克;7 龄鱼体长 52.3 厘米,体重 3.275 千克。雌鱼生长比雄鱼要快,个体也大些。生长速度在 5 龄以前较快。作为养殖鱼类,2 龄可达上市规格,1 千克左右。

3. 中华倒刺鲃 地方名青波、青板、乌鳞。是广泛分布于长江中上游的重要经济鱼类。

中华倒刺鲃体延长而侧扁。背、腹缘均为浅弧形。头锥形。眼居头部中前,侧上位。吻圆钝而突出。口亚下位,俯视呈马蹄形。触须 2 对,较发达,吻须达眼前缘,口角须略长于吻须,后伸达眼后缘。鳞片较大。侧线完全,前段略下弯后径直伸入尾鳍基部中央。背鳍与臀鳍基部具有鳞鞘,腹鳍基部外侧具有 1 狭长的腋鳞。背鳍不分枝、鳍条为强大硬刺,其后缘有锯齿,起点处向前伸出 1 根平卧倒刺,埋于皮内。背鳍起点距吻端小于距尾基的距离。腹鳍末端达肛门。臀鳍末端接近尾鳍基部。尾鳍分叉。身体背部青黑色,腹部灰白色,体侧鳞片有明显的黑色边缘。尾鳍基部有 1 黑色斑点(鱼苗在体长 1 厘米时出现,幼鱼明显,成鱼不明显)。各鳍条青灰色,后缘为黑色。

中华倒刺鲃在天然水体中的主要食物为高等植物碎屑、丛生藻类、水生昆虫、淡水壳菜等；池塘中饲养的以配合饵料（含粗蛋白质 34%～37%）及各种菜叶为主，同时摄食池塘中的天然饵料，如藻类、水生昆虫、软体动物等。从幼苗至成鱼阶段的食物有所变化，6～7 厘米的幼苗主要摄食水体中的枝角类和桡足类浮游动物；8～11 厘米以枝角类、桡足类浮游动物为主，同时摄食少量的丛生藻类和浮萍等；12 厘米以上食性逐渐转变，以植物性食物为主，同时摄食水生昆虫、软体动物等动物性饵料。最低摄食水温为 6℃，最佳摄食水温为 15℃～28℃。冬季不停食，但摄食量明显减弱。

中华倒刺鲃属于广温性鱼类，生存水温范围为 0℃～36℃，最适摄食生长水温为 20℃～28℃，水温在 10℃以上时开始摄食，水温 30℃～34.5℃食欲减弱，水温超过 34.5℃时基本上停食。在溶氧量为 2.5～2.85 毫克/升时正常生活，最佳摄食生长溶氧量为 3.89 毫克/升以上，当水体溶氧量低于 1.22 毫克/升时开始浮头，低于 0.79 毫克/升死亡。正常摄食生长的 pH 值范围为 6.5～8.5，有机物耗氧量小于 8.5 毫克/升，总氮不超过 0.4 毫克/升，亚硝酸盐在 0.018 毫克/升以下。在天然水体中主要生活在水流较急而底质多乱石或沙质、硬底的江河水体中，喜欢成群栖息于底层流水中，属于底栖性鱼类。每年 11 月下旬进入长江干流的湾沱中越冬，成群栖于底部的岩洞、石穴、乱石间等处，越冬期间摄食周围的天然饵料和沉入水底的菜叶及谷物等，翌年 3～4 月间水位升高时进入长江干流或上游，溯河觅食、肥育和繁殖，从而形成干支流间的短距离洄游。当地渔民称这种现象为“七上八下”，即农历七月以前是由干流进入支流时期，八月以后是由支流退到干流的时期。白天在深水处活动，夜间游至乱石滩及近岸摄食。渔民就是利用这种干支流洄游习性进行捕捞。

中华倒刺鲃是一种生长较快的大型鱼类之一，1 龄鱼体长

12.7~13.8厘米、体重107~122克;2龄达23.8~29.8厘米、体重450~581克;3龄37.1~39.3厘米、体重1.683~1.844千克;4龄42.1~45.3厘米、体重2.171~2.42千克;5龄49.1~53.2厘米、体重2.507~2.72千克。在4龄以前生长较快,5龄以后其生长速度有所下降。

(十二)胭脂鱼

地方名称黄排、火烧鳊、红鱼、紫鳊鱼、木叶鱼、燕雀鱼等。属胭脂鱼科、胭脂鱼属。主要分布于长江干支流及其附属湖泊,是我国珍贵鱼类之一,被列为国家二类重点保护动物。

胭脂鱼头短,吻端圆.口下位,呈马蹄状,唇发达,富肉质,唇上密布细小乳状突起,无须。侧线完全,鳞圆形。背鳍基长,末端接近尾鳍,尾鳍叉形。胭脂鱼形态最大特征是有类似金鱼幼鱼阶段的"转色和变态"的生理现象。在不同的生长阶段,其体形、体色的变异很大。在稚鱼时期,身体细长,体色半透明或灰白色;胭脂鱼幼鱼(5~25厘米),体侧有3条纹,眼圈有黑斑似熊猫;成鱼时则体形变长,背部明显隆起,背鳍低;性成熟后,身体呈胭脂红色、粉红色或青紫色,体侧黑斑逐渐隐没,尾鳍上叶转为红色,其他各鳍呈灰黑色,故得名胭脂鱼。

胭脂鱼是一种温水性河川大型鱼类,体重最大可达50千克,具有溯江产卵习性,其生长肥育期主要活动于水面宽阔、水流较缓且多河滩的江段或湖泊中。在自然条件下,胭脂鱼主要以动物性饵料和水底泥中有机质为食,也常摄食附着在水底石砾上的硅藻及植物碎片、水生昆虫和软体动物。人工养殖条件下,除投喂水蚯蚓、陆生蚯蚓、螺蚌肉外,也可投喂切碎的小鱼虾、动物内脏及人工配合饲料等。

胭脂鱼生长速度较快,1龄鱼可长到0.5~1千克,3龄鱼可达3~4千克。一般雌鱼性成熟年龄为6龄,雄鱼5龄以上,此时亲鱼体长约1米,体重达10千克左右。

(十三)鳗　鲡

鳗鲡种类较多,世界范围内约有20种,我国自然分布的只有日本鳗鲡和花鳗,养殖的主要种类是日本鳗鲡,随着鳗鲡养殖规模的扩大及日本鳗鲡苗种短缺和价格高涨,开始从国外引进欧洲鳗鲡和美洲鳗鲡苗种进行养殖。养殖地区主要分布在东南沿海地区,如江苏、福建和广东,产品主要供出口。

鳗鲡肉质鲜嫩,营养丰富,美味可口,含有丰富的蛋白质和脂肪,肉和肝中维生素A含量特别高,被称为"水中人参"。鳗鲡的脂肪含量很高,达16%~24%,富含对人体有益的不饱和脂肪酸,特别是高度不饱和脂肪酸。脂肪酸中,不饱和脂肪酸含量为68.2%,高度不饱和脂肪酸为18.9%。

鳗鲡各种类的形态特征大体相似,体细长如蛇,前部近圆筒状,后部稍侧扁。头长而尖,口较大,上下颌都具有细齿。眼小,埋于皮下。鳃孔位于胸鳍基部下方,左右分离。鳞片细小,长椭圆形,埋于皮下,呈席纹状排列。背鳍和臀鳍低而长,且与尾鳍相连,胸鳍短而圆,无腹鳍,尾鳍圆钝。体表光滑,背部灰黑稍带绿色,体侧灰色,腹部白色,背鳍和臀鳍灰色,后部边缘黑色。

鳗鲡为降河洄游鱼类。在天然水域中,平时生活在大江中下游和通江湖泊中,达到性成熟的亲鳗,在每年秋冬季大批顺江河入海进行繁殖,亲鱼产后不久死亡。每年春季大批幼鳗自河口进入江河、湖泊中生长肥育。适宜生长水温为20℃~30℃,生存水温为1℃~38℃,12℃以上开始摄食,最适生长水温为25℃~27℃。鳗鲡有较强的适应能力,皮肤有呼吸功能,即使离水时间稍长,只要皮肤保持湿润,就不会死亡。

鳗鲡性凶残,较贪食,喜暗怕光,昼伏夜出,成鱼常栖居水体底层。在自然环境中,食物主要为小鱼、虾、蟹及其他甲壳动物、水生昆虫、软体动物，兼食水生植物。在人工养殖条件下，亦摄食人工配合饲料，但配合饲料要求蛋白质含量达44%以上。

在自然水温条件下，当年2～4月份每尾体重0.16克左右的白仔鳗苗，到10月下旬一般可达每尾10～30克，第二年秋天达150～200克。人工养殖水温在25℃～28℃，鳗苗经过7～9个月饲养，一般可育成每尾150～200克食用鱼规格。同批鳗苗在饲养中，大小参差不齐，有时还有同类自相残食的现象。体长40厘米后，雄鱼的生长速度明显减慢，雌鱼比雄鱼个体大，最大个体可长达1.3米，重5千克。

目前人工养殖的鳗苗都是从天然水域中捞捕的。每年开春捕捞鳗苗体长仅5～6厘米，即为白仔鳗。各种鳗苗有不同的外部特征。日本鳗苗全身透明，体形较圆，尾柄上无黑色素细胞，眼小，吻尖长；欧洲鳗苗个体大，全身透明，体形圆，尾柄上有星状黑色素细胞，沿脊椎骨有1条稍红线连通尾部，眼大吻短，夜间灯光照射下腹部发青光；美洲鳗苗体形较短小，与日本鳗很相似，眼较小略显突出。

1. 日本鳗鲡 地方名河鳗、白鳝、鳗鱼、青鳝等。属鳗鲡目、鳗鲡科。主要分布于日本、中国、韩国等地。

2. 欧洲鳗鲡 主要分布于法国等欧洲大西洋沿岸国家。从1993年开始，我国大陆引进欧洲鳗鲡苗种养殖，当时其价格比日本鳗苗低很多，因此，进苗量逐年增多，现养殖较为普遍。生长速度和饲料转换率低于日本鳗，病害比较多，成活率也较低。

3. 美洲鳗鲡 美洲鳗主要产于美国、加拿大等地，与日本鳗的习性及特征较为接近，其养殖成活率较欧鳗高。美洲鳗苗体形短小，摄食不强，爱钻孔，怕惊。1995年美洲鳗开始引入我国大陆，并逐年增多，其价格比日本鳗苗低，在我国养殖也已有一定规模。

(十四)暗纹东方鲀

地方名河豚,俗称气泡鱼。属鲀亚目、鲀科、东方鲀属。主要分布于渤海、东海、黄海及通海的江河下游。是一种经济价值较高的水产品,其蛋白质含量远高于一般鱼类,而脂肪含量是鱼类中最低的一种,不仅具有养血补气功效,鱼皮还有健胃的特效,名列长江"四大名鱼"之首,为传统美食中的典范,肉质鲜嫩,味美绝伦。目前,全国有江苏、上海、浙江、安徽、广东、福建、海南、四川、河南、湖北等省、直辖市开展了淡水暗纹东方鲀的养殖,全国年养殖产量约 1 万吨,出口 3000 吨,国内销售 7000 吨。随着养殖规模的进一步扩大,养殖者要考虑市场出路。

暗纹东方鲀体前部浑圆,尾部渐细。头部及体背、腹面均有小刺。侧线发达,上侧位,至尾部下弯于尾柄中央,侧线分支多条。体侧皮褶发达。体棕褐色,体侧下方黄色,腹面白色。背侧面具不明显褐色横纹 4~6 条,横纹之间具白色狭纹 3~5 条。胸鳍后上方体侧处有一圆形黑色大斑,边缘白色。背鳍基部有 1 白边黑色大斑。背鳍、胸鳍、臀鳍黄棕色,尾鳍后端灰褐色。

暗纹东方鲀为中下层鱼类,具生殖洄游习性,每年 3 月份始,成群溯河至长江中产卵繁殖,幼鱼生活在江河或通江的湖泊中肥育,到翌年春季返回海里,也有直接入海的,在海里长大到性成熟时再溯河到淡水中产卵。适宜生长水温为 22℃~28℃,最适水温为 25℃~26℃,水温为 16℃时摄食明显下降,水温下降至 11℃时开始停食,致死温度为 8℃和 42℃。为广盐性鱼类,在淡水中能生活,在盐度高达 45‰的海水中也能生活。暗纹东方鲀以摄食水生无脊椎动物(如甲壳类、腹足类、瓣鳃类及多毛类)为主,兼食鱼类、虾蟹和其他植物,是偏动物性食性的杂食性鱼类。摄食特点是将食物一边向嘴里衔一边退缩,同时品味嘴里的食物,味道好则吞食,味道差吐出即逃。具有胀腹、闭眼、咬尾、呕吐、发声、相互残食等特殊习性。

暗纹东方鲀生长较快，在自然条件下，5 月份繁殖的鱼苗，当年体长可达 12～17 厘米，体重可达 80～150 克；到第二年年底，体长可增至 22～30 厘米，体重达 400～600 克。一般 2～3 年即可性成熟。

（十五）史 氏 鲟

又称施氏鲟、黑龙江鲟，俗称七粒浮子，为鲟科的一种，主要分布于黑龙江水系，自黑龙江上游至俄罗斯境内的黑龙江河口均有，以黑龙江中游的抚远、同江江段，松花江下游数量为多，乌苏里江较少。史氏鲟是黑龙江流域的重要经济鱼类，由于过度捕捞，近年来其野生资源已急剧减少。1957 年，黑龙江水产研究所鲟鳇试验站首次人工繁殖史氏鲟获得成功，之后，史氏鲟的人工繁殖和养殖技术逐步完善，并开始了商品化养殖生产。现在每年 5～7 月份，黑龙江水产研究所、黑龙江省特产鱼类研究所、黑龙江农垦局史氏鲟养殖放流试验站等单位都在黑龙江抚远江段进行史氏鲟的人工繁殖，并向各养殖单位提供各种规格的苗种。史氏鲟生态适应性强，生长快，病害少，鱼肉、鱼卵品质高，具有很大的商业养殖潜力。目前史氏鲟不仅在东北地区养殖，且已在山东、四川、湖北、福建、广东等地区驯养成功，成为新兴的名特优水产养殖品种。

史氏鲟体呈梭形，头尾部尖细。头部呈三角形，顶部较平。吻尖，平扁。口小，位于头腹面，成一横裂，口唇具有皱褶，形似花瓣，颊部鳃膜不相连；口前的 2 对吻须较长，须长大于须基距口前缘的 1/2；吻的腹面、须的前方有 7 个疣状突起，故俗名七粒浮子。眼小，鼻孔大。体被纵列骨板状硬鳞 5 行，各硬鳞上均具锐棘，鳞间皮肤较粗糙。胸鳍位近腹部，背鳍后位，臀鳍位于背鳍基部之后，尾鳍歪形，上叶尖长，上翘。头部及背侧灰褐或黑褐色，腹面白色。个体平均体长 1.5 米，平均体重 22.5 千克，最大个体 100 千克以上。

史氏鲟属河流定居型鱼类，主要生长于黑龙江的中、下游及河口半咸水水域。常栖息于大江的江心、江套中，尤喜有漩流的水体，以中下层水体中活动为多，平时行动迟缓，喜贴江底游动，除产卵季节很少进入浅水区。而当江中春季涨水及风浪大时游动甚为活跃。史氏鲟的生存水温为1℃～30℃，适宜生长水温17℃～25℃，最适温度为19.8℃。日常所见的多为单独个体，很少集群，冬季集中在河道深水区越冬，江水解冻后游往产卵场所。栖息于河口半咸水区域的产卵群体越冬期80%的个体性腺达到Ⅳ期，秋季开始洄游，部分未达性成熟的个体也由河口向黑龙江河道洄游，待成熟产卵后再降河洄游至河口地区。

史氏鲟的食性依鱼的年龄不同而异，幼鲟主要以底栖动物和水生昆虫为食，如水蚤、摇蚊幼虫、水蚯蚓等。成鱼除摄取上述食物外，还摄食小型鱼类，如麦穗鱼、小鲫鱼、泥鳅等。性成熟的个体在产卵期索食强度很低。在人工饲养条件下，经驯化的幼鲟和成鱼均摄食人工配合饲料。

在黑龙江流域的野生史氏鲟，由于每年的冰封期长，生长较慢。采自黑龙江干流抚远江段的野生史氏鲟，1龄平均个体全长25.5厘米，体重66克；2龄个体全长44.9厘米，体重243.8克。采自河口半咸水区域的12龄雌性个体全长125～142厘米，体重8.3～16.4千克。在人工养殖条件下，史氏鲟的生长速度要快得多。在20℃～27℃的水温范围内，流水池人工饲养的史氏鲟生长的平均值为：45天全长9.3厘米，体重3.2克；2个月全长18.3厘米，体重25.2克；3个月全长28厘米，体重86.3克；4个月全长34厘米，体重140克。在12.8℃～27℃的水温范围内，养殖11月龄的史氏鲟平均全长56.9厘米，每尾平均重606克，其中最大个体1 053克，全长89.6厘米。在终年水温18℃的条件下，养殖2周年的史氏鲟均重2.5千克，最大个体4千克；3周年最大个体可达5.9千克。由此可见，在养殖水温和饲料条件适宜的情况下，史氏鲟生长速度很快,2～3周年的生长水平相当于产地水域中5～6龄的鱼,是集约化养殖的优良品种。

(十六)白斑狗鱼

属鲑形目、狗鱼科、狗鱼属。在我国自然分布仅限于新疆额尔齐斯河,地方名狗鱼、乔尔坦。狗鱼属在我国还有一种,叫黑斑狗鱼,广泛分布于黑龙江水系的各大支流,俗名狗鱼、勾心鱼。这2种狗鱼的肉质细嫩,味道鲜美,均是当地名贵经济鱼类。由于天然资源锐减,无法满足人们需求,人工养殖逐渐兴起,但目前养殖的主要是白斑狗鱼,已被引入其他省、自治区、直辖市开展养殖。现其人工繁育已取得突破,有望成为大规模推广的养殖品种。

白斑狗鱼体长而稍侧扁,尾柄短。吻长而扁平,似鸭嘴状。眼大、口大,口长为头长的1/2。尾鳍叉形。背鳍黄褐色,有黑色细纵纹,体侧有许多淡蓝色或白色斑。腹部白色,鳍黄色而微红,奇鳍尚有黑斑。背鳍后有一脂鳍。

白斑狗鱼自然分布于北寒带,适应寒冷水温,但对水温的适应范围较广,为亚冷水性鱼类。适宜生长水温为0℃～30℃,最适生长水温为20℃～23℃,但有试验显示温度达35℃时短时间也能存活。但养殖上应避免水温高于30℃。

白斑狗鱼成鱼是典型的掠食性凶猛鱼类。在自然条件下,白斑狗鱼可摄食其体长1/2～1/3的其他鱼类,人工饲喂以其体长30%左右的饵料鱼为最佳,鲫、鲤等均是其喜食的鱼类。苗种阶段以轮虫、枝角类、桡足类及其无节幼体等浮游动物为食,长至5～7厘米时开始捕食其他鱼类。白斑狗鱼生长速度快,池塘养殖,在饵料充足情况下,当年投放的苗种年底可达0.5～0.8千克的商品规格。在天然水体中最大个体可达40千克。

（十七）丁　鲅

丁鲅广泛分布于欧洲内陆湖泊和河流，是我国新疆额尔齐斯河中名贵的土著鱼类，分类上属于鲤科、雅罗鱼亚科、丁鲅属。地方名黑鱼。其肉质细嫩，口味较好，对环境溶氧和温度的适应力较强，适合池塘和网箱养殖，因此成为新兴推广养殖的种类。

丁鲅体侧扁，鳞细小且排列紧密，尾鳍平直或略凹。口小，端位，口角处有 1 对短须。咽齿 1 行，侧扁，齿端略呈钩状。体背部淡黄色或黑褐色，腹部灰白色，各鳍灰黑色。

丁鲅属底栖性鱼类，性温驯，喜集群生活。喜静怕惊，畏强光。对温度适应范围广，生存水温为 0℃ ~ 38℃，适宜生长水温为 14℃ ~ 28℃，水温 32℃以上停止摄食。耐低氧。

丁鲅是杂食性鱼类，天然水域中的主要食物是浮游生物、水生昆虫和有机碎屑等。养殖环境中能比较容易地驯化投喂配合颗粒饲料，适宜的驯食规格在 5 ~ 8 厘米，配合饲料蛋白质含量在 35% ~ 40% 为佳。但有试验表明，成鱼饲养过程中，人工饲料粗蛋白质含量在 27% ~ 33% 时即可满足其需要，用粗蛋白质含量为 33% 的配合饲料投喂，丁鲅能摄食正常，生长较好。

丁鲅生长速度与养殖水温、放养密度和饲料条件有关。一般当年幼鱼可达 50 ~ 80 克，人工养殖 2 年体重可达 500 克以上。有试验表明，寸片鱼种在主养（放养密度 30 000 尾/公顷）条件下，用蛋白质含量 36% ~ 40% 的配合饲料投喂，经 1 年养殖长至 420 ~ 535 克；而在鲟鱼池少量套养的丁鲅能长至 1 千克以上。丁鲅商品鱼规格一般为 300 ~ 800 克。

（十八）梭　鲈

属鲈形目、鲈科、梭鲈属。主要分布在前苏联的波罗的海、亚速海、黑海、里海及咸海等地区，我国仅在新疆的伊犁河、额尔齐斯河流域和乌伦古湖有分布，地方名十道黑。梭鲈生长速度快，可食部分比例大，肉质好，深受当地人喜爱，现已引入湖北、广东、山东、北京、上海、江苏等地养殖。

梭鲈体梭形，稍侧扁。头小，吻长。眼较大，侧上位。口端位，稍斜，口裂较大，上颌骨超过眼后缘，上下颌均具尖齿。鳃盖平滑或仅在上部覆盖鳞片，前鳃盖骨有 4 ~ 5 个细小突棘。体被栉鳞，侧线鳞 86 ~ 102。背鳍较长，分前后两部分，第一背鳍第三至第六鳍棘最长，第二背鳍第一至第三鳍棘最长；胸鳍椭圆形，腹鳍胸位，尾鳍为分叉的正型尾。梭鲈背侧灰绿色，有 10 ~ 14 条明显的黑色不规则斑条。

梭鲈为中下层鱼类，自然种群栖息于淡水或海水的淡化水域，会游到盐度达 6‰ ~ 11‰的水域生活，因此可适应 12‰以下盐度水体中饲养。喜欢在水质清新、透明度高，且有微流水的环境中生活，对溶氧要求较高，适宜生长的溶氧量在 5 毫克/升以上，一般不应低于 3 毫克/升，溶氧量下限临界值为 2 毫克/升。生存水温 0℃ ~ 31℃，适宜生长水温为 14℃ ~ 25℃，32℃为高温临界值，因此在夏季高温炎热季节，应提高水位，避免水温过高。水体 pH 值以 7.4 ~ 8.2 为佳。

梭鲈鱼苗的开口饵料是轮虫和无节幼体等，随后转为摄食大型浮游动物、水蚯蚓、水生昆虫和小鱼苗，处于饥饿状态的鱼苗可吞食自身体长 2/3 的同类个体。成鱼在湖泊和河流中多以体形细长的小杂鱼为食，摄食种类与其生活环境的饵料鱼体形和规格有关，一般以捕食自身体长 20% ~ 30% 的低背鱼类为主。人工养殖条件下，经驯化可摄食人工饲料，驯食的适宜阶段为全长 4.5 ~ 5.5 厘米、体重 1 克左右。

梭鲈生长较快，当年鱼种专池培育或成鱼池套养，出塘规格可达 50 ~ 150 克/尾，第二年可达 350 ~ 750 克，第三年达 1 ~ 2 千克。

(十九)河 鲈

属鲈形目、鲈科、鲈属。又称五道黑、五彩斑鱼、赤鲈。广泛分布于欧洲及亚洲北部冷温带,在我国仅产于新疆额尔齐斯河与乌伦古河流域。是欧亚北部冷温带的重要经济鱼类之一。其肉质鲜美,价格高,是一种名贵的冷温带淡水鱼,在新疆及其他地区市场上十分走俏。

河鲈体长椭圆形,稍侧扁,尾柄较细。头尖略呈三角状。吻稍钝,下颌较上颌略突出,上颌骨延至眼的中下方,上下颌及犁骨均有绒毛状细齿。眼中等大,侧上位。前鳃盖骨后缘呈锯齿状,主鳃盖骨后缘上方有一棘。体被栉鳞,头颊部也被有小鳞。侧线鳞完全,居体侧上方,略向上拱。两背鳍分离,第一背鳍起点与胸鳍基部相对,第二背鳍的第五、第六枚鳍条下方为臀鳍的起点。胸鳍后缘呈团扇形。腹鳍胸位。尾鳍分叉较浅。体背侧为草绿色或淡黄褐色,有 7~9 条黑色纵带,腹部白色。第一背鳍的后方有 1 黑斑,第二背鳍、臀鳍和尾鳍为橘黄色。

河鲈喜栖息于浑浊度低且有水生植物分布的深水区,适宜生长水温为 0℃~35℃,最佳生长水温为 15℃~25℃。在池塘养殖中喜欢栖身于沙质或沙泥质底水质清爽的静水环境中,活动于中下水层。水的溶氧量要求在 1.5 毫克/升以上。性情凶猛,以肉食为主,仔鱼和幼鱼以浮游动物和水生昆虫为食,体长达 10 厘米以上时,常以其他小鱼为主食,当饲料不足时,会出现自相残杀现象。人工饲养,经过驯养,可以摄食冰鲜鱼肉,但摄食人工配合饲料尚未过关。

一般情况下,当年养殖的河鲈,到年底规格在 150~250 克,第二年秋季达到 600 克左右。

(二十)斑　鳠

属鲇形目、鲿科、鳠属,地方名芝麻鱼甘、白须鱼甘、鱼甘鱼等,是珠江水系广泛分布的大型食肉性经济鱼类。常见的斑鳠个体重4~5千克,最大的个体达16千克以上。其以营养丰富、肉质细嫩、味道鲜美、无腥味、无肌间刺等优点而被广大消费者视作美味佳肴,被推崇为珠江水系四大名鱼之一,享有“淡水之王”的美誉。在广西、广东和港澳市场上供不应求。

斑鳠体长而后部侧扁,全身光滑无鳞。头略平扁,吻宽而圆。口宽大,下位,唇厚。眼中等大,侧上位,眼睑游离。须4对,上颌须最长,末端可达腹鳍基部,颐须中等长。背鳍短,有硬刺,后缘有锯齿,末端达脂鳍起点。脂鳍长而略高,其高超过尾柄高之一半,末端游离。胸鳍硬刺较强,外缘有埋于皮下的细小锯齿,内缘的锯齿强大,不达腹鳍。腹鳍短,不达臀鳍基部。臀鳍短,无硬刺,不达尾鳍基。尾鳍叉形,上叶略长。背鳍、脂鳍及尾鳍灰黑色,有褐色小斑;胸鳍、腹鳍及臀鳍色浅,很少有斑点。侧线完全侧中位。肛门近于腹鳍基部。体淡褐色,腹部白色。体侧具大小不等、排列不规则的圆形蓝黑色斑点(幼鱼无斑)。

斑鳠畏光,通常生活在江河中礁石周围水域,喜穴居,水质要求清爽,pH值适应范围6.8~7.8,最适pH值为7.2~7.6,偏酸水体不利于其生长。对溶氧量要求较高,一般不应低于5毫克/升。斑鳠为亚热带鱼类,水温耐受范围为7℃~40℃,适宜生长水温18℃~30℃,最适生长水温20℃~28℃。

斑鳠是凶猛的肉食性鱼类。自然水体摄食浮游动物、水生昆虫、鱼、虾、蟹及软体动物等。不同生长阶段的食物组成有所差异,体长20厘米以下的以浮游动物和水生昆虫为主食,20厘米以上捕食鱼类的频率逐渐增加,但在40厘米前,仍以水生昆虫为主,以后才转为以鱼类为主食。人工养殖条件下,经驯食,可摄食人工配合饲料，但对饲料质量要求较高。实践证明，用 30% ~ 40% 冰鲜鱼与 60% ~ 70% 粉状配合饲料（粗蛋白质含量在 40% 以上）混合绞成泥团状料投喂，斑鳠的摄食与生长都正常，饲料系数为 6 左右。

斑鳠的生长速度从慢到快再转慢，2 龄以前体长和体重远远小于其他一些经济鱼类，如南方大口鲶等，2 龄以后生长速度明显加快。据对珠江野生斑鳠的测定，1 ~ 10 龄个体的平均体重分别为 27、74、212、553、1 086、1 897、2 679、4 288、5 812、6 624 克。人工养殖条件下，食物充足，生长快 1 倍以上。养殖个体以达到 2.5 千克以上起捕为宜。

三、国外引进的养殖鱼类

（一）大口黑鲈

又称加州鲈鱼、大嘴鲈、黑鲈、淡水鲈。属鲈形目、太阳鱼科。是一种纯淡水的温水性鱼类，原产于北美洲的淡水水域，是美国最为重要的游钓鱼类，20 世纪 80 年代初引入我国广东、湖南、湖北等地推广养殖。大口黑鲈肉质细嫩，在我国已成为重要的优质食用鱼类。最大个体长 75 厘米，重 9.7 千克。

大口黑鲈体侧扁呈纺锤形。口大，口裂后缘超过眼后缘，眼球突出。体被细小栉鳞，颊部上方及鳃盖亦被鳞。各鳍前端均有硬棘，尾鳍正尾型，稍向内凹。侧线完全，微向上弯。上下颌骨、犁骨及腭骨均具绒毛状细齿。鳃耙梳齿状。体色为淡金黄带黑色，头部、背部散布密集黑斑，排列呈带状，从吻端开始直至尾鳍基部。鳃盖上有 3 条黑斑呈放射状排列。

大口黑鲈生存水温 1℃ ~ 36℃，最适水温 20℃ ~ 30℃。淡水或盐度 10‰以下的咸淡水中均能生长。正常生活要求溶氧量在 3

毫克/升以上。大口黑鲈生性凶猛,为以肉食为主的杂食性鱼类,掠食性强。在自然水域,以水生昆虫、虾、小鱼和蝌蚪等为食。人工养殖时,可投喂浮游动物、摇蚊幼虫、水蚯蚓、虾、家鱼苗种、新鲜野杂鱼的鱼肉浆或鱼肉块。在饲料缺乏时会相互残食。

大口黑鲈生长较快。在我国南方,当年3~4月份孵出的鱼苗,养殖至翌年春节期间体重可达500~750克。

(二)罗 非 鱼

属鲈形目、丽鱼科、罗非鱼属。该属共计有100多个品种。广泛分布于非洲大陆的淡水和沿海咸淡水水域,为广盐性热带鱼类。我国先后引进的罗非鱼有近十余种。其肉味鲜美,肉质细嫩,尼罗罗非鱼经测定,每100克肉中含蛋白质20.5克,脂肪6.93克。2005年我国产量达104万吨。其产品主要供出口,但在南方也有一定市场。

罗非鱼原产于非洲,因形似鲫鱼,国内又称非洲鲫鱼。罗非鱼为热带鱼类,适温为20℃~35℃,最适温度为25℃~32℃,20℃以下生长缓慢,16℃以下停止摄食,14℃以下开始卧底死亡。罗非鱼为广盐性鱼类,既能在淡水中生活,也能在海水中生活。尼罗罗非鱼可从淡水直接放入盐度为15‰的咸淡水中,仍正常生活;如经过驯化,则能忍受盐度为32‰的海水,但在盐度为21.5‰以上的海水中只能生长而不能繁殖。罗非鱼耐低氧,溶氧量低于1.5毫克/升时仍能正常生存,1~1.2毫克/升时开始浮头,0.3毫克/升时开始死亡。罗非鱼食性广,水中的昆虫、浮游植物、浮游动物、附生的藻类、有机碎屑等都可以利用,并可利用其他鱼类不能利用的蓝藻。

罗非鱼生长迅速,从受精卵孵出的仔鱼,约半个月就离开母体独立生活,孵出后40天,体重可达15~25克,3个月达60~80克,8个月体重达到200~500克。雄鱼的生长比雌鱼快得多,特别是性成熟后，雄鱼体重要比雌鱼重 40% 以上。

我国养殖的罗非鱼品种有莫桑比克罗非鱼、尼罗罗非鱼和奥利亚罗非鱼 3 个种类及其杂交种。目前主要养殖的是经杂交或选育的品种奥尼罗非鱼（尼罗罗非鱼和奥利亚罗非鱼杂交种）、彩虹鲷和吉富罗非鱼。

1. 莫桑比克罗非鱼 原产地在非洲的莫桑比克，自 1956 年、1957 年分别由泰国和越南引入我国广东省进行试养。莫桑比克罗非鱼生存的临界下限和上限温度分别为 13℃和 40℃。为广盐性鱼类，耐盐度范围很大。既能在淡水中生活，又能在盐度为 40‰的咸水中生活，但其繁殖会受到影响。其最适合的盐度是 8.5‰～17‰。

2. 尼罗罗非鱼 尼罗罗非鱼体高而侧扁，呈长椭圆形。体色为黄棕色，上半部较暗，下半部转亮，呈银白色，喉、胸部为白色，有的个体全身呈黑色。体色随环境的变化而有适应性的改变。体侧有黑色横带 9 条，分布于背鳍下方 7 条，尾柄上 2 条。尾柄上半部和鳃盖后缘有 1 黑斑。背鳍和臀鳍上有黑色和白色的斑点。尾鳍终生有明显的垂直黑色条纹 8 条以上。

尼罗罗非鱼临界低温为 8.61℃ ± 0.15℃，致死温度为 6.04℃ ± 0.11℃，临界高温约为 40℃～41℃，最适生长的温度为 28℃～32℃。在溶氧量低于 0.7 毫克/升的水体中，仍能摄食，水中溶氧量为 1.6 毫克/升时，能生活繁殖；其窒息点为 0.07～0.23 毫克/升的溶氧量。可在盐度 17‰以下的海水中生长、发育和繁殖，能在 pH 值 4.5～10 的水体中生长。尼罗罗非鱼有互相残食的习性，主要表现在鱼苗期间，大苗吞食小苗的现象比较严重。成鱼遇惊便潜入水底的软泥中，不易捕捞。

3. 福寿鱼 尼罗罗非鱼（♀）与莫桑比克罗非鱼（♂）的杂交种，其全雄率可达 90%。福寿鱼体形与尼罗罗非鱼相似，呈灰绿色。适宜生长温度为 20℃～35℃。食性同亲本，对饲料质量要求不高。以少量的精饲料配多量的粗饲料,就能满足其要求,还能摄食池塘底部和水中残饲碎屑,是池塘的"清洁工",消化功能较强,有明显的杂交优势,目前已经较少养殖。

4. 吉富尼罗罗非鱼 吉富尼罗罗非鱼(简称吉富鱼)是由国际水生生物资源管理中心等机构通过对4个非洲原产地直接引进的尼罗罗非鱼品系(埃及、加纳、肯尼亚、塞内加尔)和4个在亚洲养殖比较广泛的尼罗罗非鱼品系(以色列、新加坡、泰国、中国台湾)经混合选育获得的优良品系。其于1994年由上海水产大学从菲律宾引入我国,同国内现有养殖的尼罗罗非鱼品系相比,吉富鱼的生长速度快5%~30%,起捕率高,耐盐性好,单位面积产量高20%~30%,遗传性状较为稳定,但雄性率不高。

5. 奥利亚罗非鱼 奥利亚罗非鱼体侧扁,呈鲈形。体色随年龄增长而加深,从青紫色带金色光彩转为紫褐色,喉胸部为灰色,腹白,体侧有暗横带9~10条,鳞片中央的色素较四周深,使体侧具有多条纵向排列的点线条纹。背鳍、臀鳍呈暗紫色,均有素色斑点。胸鳍淡灰透明。腹鳍灰黑且长,末端达生殖突。尾鳍具斑点,斑点从接近尾柄处开始,随年龄增长而向后散布,并由银白色逐渐转向金黄色,后缘平截。背鳍和尾鳍边缘呈微红色。奥利亚罗非鱼与尼罗罗非鱼形态上最明显的差别在尾鳍的条纹上,前者为紫色不垂直的点状条纹,后者尾鳍条纹为黑色垂直。

奥利亚罗非鱼对低温的耐受能力比尼罗罗非鱼略强,临界温度为7.13℃±0.07℃,致死温度为3.95℃±0.24℃。其耐盐性也比尼罗罗非鱼强,耐盐度可达50‰。在食性上,奥利亚罗非鱼在鱼苗时,主要摄食浮游生物,特别是浮游动物,2厘米后摄食丝状藻类等,鱼种到成鱼主要为杂食。

6. 奥尼罗非鱼 奥尼罗非鱼是尼罗罗非鱼(♀)×奥利亚罗非鱼(♂)杂交,而获得的杂交子一代。奥尼罗非鱼雄性率高,达到83%~100%,平均在92%以上。水温稳定在18℃以上,将成熟的上述雌雄亲本放入同一繁殖池中，水温上升到22℃时，它们就能自行产卵受精育出鱼苗。水温在25℃～30℃时，每隔30～50天可杂交繁殖1次。奥尼罗非鱼的生长速度比父本鱼快17%～72%，比母本鱼快11%～24%。临界温度下限为8.25℃，致死温度为5.5℃，抗寒能力比尼罗罗非鱼和福寿鱼都略强。含肉率比福寿鱼略高，肉质清爽。抗病能力也较强。

7. 彩虹鲷　又称红罗非，是罗非鱼中一杂交变异种。体色有粉红、红色、儒红、橙红、橘黄等；体形有尼罗罗非鱼型、奥尼罗非鱼型、莫桑比克罗非鱼型等。生活习性与其他罗非鱼一样，属热带广盐性鱼类。耐低氧，窒息点较低。对盐度适应范围广，可在盐度0～30‰的水体生活。适温范围15℃～38℃，致死温度最低7℃，最高42℃。食性为杂食偏植物性，天然条件下以浮游植物为主，也摄食浮游动物、底栖附着藻类、寡毛类、有机碎片等。人工投饲可直接摄食豆饼、花生饼、米糠、玉米粉、鱼粉、配合饲料等。

（三）斑点叉尾鮰

又称沟鲇、河鲇、美洲鲇，属鲇形目、鮰科。斑点叉尾鮰原产于北美落基山脉东部，美国于20世纪60年代初期开始商业性养殖，进入70年代开始大规模养殖，是美国主要养殖鱼类。前苏联、前南斯拉夫、日本等国家先后引进养殖。我国于1984年首次由湖北省水产科学研究所从美国引进受精卵，试养成功。

斑点叉尾鮰体形较长，前部较宽，后部稍细长。口亚端位，有深灰色触须4对，其中鼻须1对，颌须1对，颐须2对，长短各异，以颌须最长。背鳍胸鳍均具有硬棘，背鳍后方具一脂鳍，尾叉形。体表光滑无鳞片，黏液丰富。背部淡灰色，腹部白色，身体两侧有斑点，各鳍颜色为深灰色，成鱼的斑点会逐渐变得不明显或消失。

斑点叉尾鮰是温水性淡水鱼类，生存水温为0℃～38℃，最适生长水温为18℃～34℃，在水温低于13℃时基本停止摄食和生长。在溶氧量2.5毫克/升以上即能正常生活,低于0.8毫克/升时开始浮头,正常生长pH值范围是6.5~8.9。在纯淡水中生长良好,在盐度为1.4‰的水中仍能生活。食性原属肉食性鱼类,经多年养殖驯化,已转变为以植物性饲料为主的杂食性。在天然水域中,主要摄食对象是底栖生物、水生昆虫、浮游动物、轮虫、有机碎屑及大型藻类。在人工养殖条件下对各种配合饲料都能摄食,尤喜食鱼粉、豆饼、玉米、米糠、麦麸等原料配制而成的颗粒饲料。

斑点叉尾鮰生长较快,池塘中当年鱼的体长可长到19.5厘米,2龄鱼体长可达32厘米,3龄达45厘米,4龄达57厘米。雄鱼的生长速度快于雌鱼。

斑点叉尾鮰适于池塘和网箱养殖,但国内该鱼养殖的迅猛发展依赖于产品出口美国,而国内市场主要在四川。另外,由于种质退化、广泛引种、缺乏检疫以及养殖环境恶化等原因,其病害加剧,养殖者应引起注意。

(四)虹　鳟

地方名鳟鱼,属鲑形目、鲑亚目、鲑科、鲑属。分为陆封型、降海型、湖沼型3种。虹鳟原产于北美洲的太平洋沿岸,主要分布在落基山脉以西、阿拉斯加至墨西哥西北部的水域中。1874年虹鳟首次从自然水域移往美国东海岸饲养,以后逐步被世界各国引进。我国于1959年由朝鲜首次引进虹鳟,在黑龙江水产研究所试养,于1963年人工繁殖首告成功。1983年引进了美国道纳尔逊氏优质虹鳟。随后又陆续从美国引进西雅图虹鳟,从日本引进北海道虹鳟。虹鳟骨少肉厚、无肌间刺,其肉质鲜嫩,蛋白质含量19.61%,胆固醇含量几乎为零。

虹鳟体长扁纺锤形。吻圆、鳞小。背部和头顶部有苍青色、蓝绿色、黄绿色或棕色。侧面有银白色、白色、浅黄绿色及灰色。腹部银白色、白色或灰白色。鱼体及鳍分布有黑色小斑点,有1脂鳍。性成熟鱼体在体侧沿侧线有 1 条宽而鲜艳的紫红色彩虹纹带，延伸至鱼尾鳍基部，因而得名。

虹鳟属于冷水性鱼类，生存水温为 0℃～30℃，适宜生长水温为 12℃～18℃，最适生长水温 16℃～18℃，低于 7℃或高于 20℃时，食欲减退，生长减慢，超过 24℃摄食停止，之后逐渐衰弱而死亡。虹鳟对水体中溶氧要求高，溶氧量低于 5 毫克/升时，呼吸频率加快；低于 4.3 毫克/升时，出现“浮头”，开始死亡；溶氧量低于 3 毫克/升为致死点，最适溶氧量在 6 毫克/升以上。虹鳟喜逆流水刺激，加速体内物质代谢，流水养殖流速以 20～30 厘米/秒为宜。适于在水质良好、水温适宜的山溪水和水库底排水丰富的地区养殖。食性以陆生和水生昆虫、甲壳类、贝类、小鱼等为主要食物，也摄食水生植物的叶子和种子。在人工养殖条件下，能很好地摄食配合饲料。

虹鳟生长受水温控制，在 16℃条件下，通常满 1 年即可长至 100～200 克，2 年可达 0.4～1 千克，3 年可达 1～2 千克；在 9℃条件下，1 年可长至 40～50 克，2 年达 200～300 克，3 年为 0.8～1 千克。最长寿命为 8～11 年。在人工饲养条件下，最大个体达 7.5 千克。

(五)高白鲑

属鲑科、白鲑属，是分布在北纬 50°以北自然水域中的冷水性鱼类。自然分布于俄罗斯境内西起梅津河，东至科雷马河的西伯利亚地区湖沼及河流中，主要集中在鄂毕河下游托博尔斯克以北沿河湖沼中，为前苏联特有的鱼类。具有适应性强、肉味鲜美、生长快、易捕捞等优点，因而前苏联等许多国家将其驯养成为湖泊、水库的主要增养殖对象。我国于 1985 年首先由黑龙江省水产研究所从日本引进试养，1998 年新疆维吾尔自治区从俄罗斯引入赛里木湖开始增养殖，取得了成功。其后，内蒙古、青海、黑龙江等省、自治区也已引种开展增养殖。

高白鲑体长形,稍侧扁。头小,吻尖。口端位,上下颌等长或下颌稍突出;口裂斜,口裂后缘达眼前缘下方。眼中等大,侧上位。体被圆鳞,鳞小,侧线完全。背鳍与腹鳍起点相对或腹鳍稍后,脂鳍与臀鳍后部相对,臀鳍基较长,尾鳍深叉形,下叶等于或略长于上叶。背鳍条 3~4,9~10;臀鳍条 2~3,12~16;侧线鳞 76~98;鳃耙数 49~68。背部青灰色,腹部银白色,头部及鳃盖上有小斑点。

高白鲑属于冷水性鱼类,生存水温 1℃~28℃,生长最适水温 8℃~20℃。适宜 pH 值为 6~9,溶氧量在 2 毫克/升以上就可以正常生长。高白鲑主要摄食浮游动物,仔鱼期主要以浮游甲壳类为主,其后除摄食枝角类、桡足类等浮游甲壳类外,还摄食水生昆虫及其幼虫。当浮游动物生物量低时,还可摄食一些底栖生物。摄食水温 1℃~25℃,即使在冬季也正常摄食。

高白鲑生长速度较快,在俄罗斯的自然水域中 1 年长至 80 克,2 年 400 克,3 年达 1~1.5 千克。在我国新疆赛里木湖,生长 17 个月平均体重可达 500 克,26 个月达 1 千克,4 龄鱼最大体重(雌性)可达 3.9 千克。

在我国,与高白鲑同属的鱼类有 2 种,一种是乌苏里白鲑,在乌苏里江分布最多,是黑龙江特有的经济鱼类,食性主要以小型鱼类为食,其次是水生昆虫和幼虫等;另一种是短颌白鲑,仅分布于黑龙江上游。这 2 种尚未驯化养殖。从国外引进试养的白鲑还有加拿大湖白鲑、贝加尔凹目白鲑、图贡白鲑、目笋白鲑、齐尔白鲑和西伯利亚白鲑。其中加拿大湖白鲑较有养殖前途。

(六)短盖巨脂鲤

俗名淡水白鲳,属脂鲤亚目、脂鲤科、巨脂鲤属。原产于南美亚马孙河,在原产地属于食水果的鱼类,喜食果皮等食物。是热带和亚热带食用与观赏兼备的大型经济鱼类。1982年被我国台湾省引进并于1985年人工繁殖获得成功。1985年引入广东省。1987年7月在我国大陆人工繁殖首次获得成功。

淡水白鲳体侧扁，椭圆形，与海水鲳相似，头较小，口端位，口内上颌具切割型指状小齿2行。背较厚，腹部窄扁而圆，体被细小圆鳞。体色银灰，胸部为橘红色，臀鳍红色，尾鳍边缘带黑色。鱼种体表有星斑，成鱼星斑消失，呈现红鳍、白身、黑尾、银鳞四色相配，还有浅蓝色斑纹，显得极为美观，很具观赏性。

淡水白鲳生活在水域的中下层，喜群居和群游，适宜pH值为6.2～7.5。能耐0.48毫克/升低氧，但不耐低温，当水温降至12℃时，大部分鱼体失去平衡；在10℃时开始死亡，致死温度为8℃；16℃时才能正常摄食，最适温度为28℃～30℃，夏花鱼种饲养水温必须保证17℃以上。食性较杂，仔鱼阶段主要以浮游生物为食；幼鱼时则主食大型浮游动物，也摄食有机碎屑和配合饲料；成鱼食性更杂，食物来源更广泛，如浮游生物、藻类、水生及陆生植物、各种瓜果皮、蚯蚓、小鱼虾、有机碎屑、麦麸、豆饼、米糠、蚕蛹及配合饲料都能快速吞食，有效利用。

淡水白鲳生长较快，个体大，在原产地最大的个体重达20千克。在人工养殖条件下，1龄鱼个体可达0.5～0.75千克，体长5厘米左右的鱼种，饲养3个月，体重可达1千克，但在个体达到1.5千克后，生长变慢。

（七）巴西鲷

学名小口脂鲤，也称南美鲱鱼。属脂鲤目、无齿鲤科、厚唇齿鱼属。原产于巴西南部的巴拉那河与巴拉圭河水系，主要分布于巴西、智利、阿根廷等国，是南美重要的淡水经济鱼类。我国于1998年引进试养，是继淡水白鲳后再次从南美引进养殖的又一热带鱼类。该鱼具有生长迅速、抗病力强等特点，与一般淡水鱼类相比,其肌肉以红肌为主,类似海水鱼类黄板鲷,鱼体含肉率高,鱼肉蛋白质和脂肪含量较高,据测定含量分别为17.74%和5.25%。

巴西鲷体侧扁,背厚,形似鲤、鲫鱼,体长约为体高的3倍。体色银白。口端位,吻尖。尾叉形,上下叶等长。鳞片较大,有粗糙感,中间为银白色,边缘略黑,似海水鱼的鱼鳞,侧线鳞45;背鳍条2,9,胸鳍条1,14,腹鳍条1,9,臀鳍条2,8。背鳍后有1小脂鳍,胸鳍、腹鳍呈黄色,臀鳍、尾鳍末端发红,背鳍上有黑色小斑点,腹鳍至臀鳍之间有腹棱。

巴西鲷适应能力较强,耐低氧,在溶氧量低于0.2毫克/升的水体中仍能正常生活,3毫克/升以上生长良好。其虽为纯淡水鱼类,但经驯化,可在盐度5‰以下的低盐度水体中生活。耐高温,不耐低温,适宜生存水温为9℃~38℃,最佳生长水温26℃~33℃。

巴西鲷为杂食性鱼类,偏植食性,摄食贪婪。天然条件下,鱼苗主要以轮虫、枝角类、桡足类为食,也摄食绿藻和硅藻,之后摄食水生昆虫幼体、寡毛类、藻类以及有机碎屑等。人工养殖条件下,可摄食各种商品饲料。水温20℃~30℃时,摄食旺盛;超过33℃,进入夏眠状态,摄食减少;低于18℃,进入冬眠状态,摄食也相应减少。

巴西鲷生长具有阶段性,从苗种到1龄鱼,其生长较快,半年可长至每尾重250~400克,但体重达400~500克时,生长逐渐减缓。在原产地最大个体可达5千克。

(八)匙吻鲟

属鲟形目、匙吻鲟科。匙吻鲟分布在北美洲,在美国广泛分布于中部和北部地区的大型河流及附近海湾沿岸地带。我国于1991年开始从美国引进匙吻鲟鱼苗,在湖北省仙桃市首次试养成功。匙吻鲟形态奇特,幼鱼可作为观赏鱼,成鱼的卵和肉皆为席上珍品，尤其是卵加工成的鱼子酱，味道鲜美，营养丰富，价格昂贵，在国际市场上供不应求。

匙吻鲟有1个形如匙柄的长吻，约占体长的1/3。躯干流线型，尾部侧扁。鳞片退化，体表光润。眼甚小。口在吻下不能伸缩。鳃盖布满梅花状的花纹。胸鳍较小，下位。腹鳍腹位。背鳍起点在腹鳍之后。尾鳍叉形，不对称，上叶尖长，下叶宽短。体色为背部灰黑色，两侧渐浅，腹部灰白色，鳍灰黑色。

匙吻鲟是一种纯淡水鱼类，适温范围极广，在0℃～37℃水体中均能生存，在我国既可度暑，又可越冬。生活在水的中层，性温驯，易捕捞。适宜pH值范围为6.5～8。对水体溶氧量要求在3毫克/升以上。匙吻鲟终生以浮游动物为食，仔鱼开口饵料主要是小型枝角类，也摄食蛋黄、鱼粉、虾粉等。在鳃耙未发育完全之前，摄食方式为吞食。如饵料不足，幼鱼会捕食比其小的其他鱼苗，甚至会同类相互残食。体长达13厘米时，可滤食浮游生物，偶尔也食摇蚊幼虫。在人工养殖条件下，喜食与浮游动物一般大小的浮性饵料。当投喂时，常翻转身体，肚皮朝天，仰游索饵。

匙吻鲟自然种群中，同龄的雌性个体显著大于雄性。一般当年匙吻鲟全长45～50厘米，体重0.8～1.5千克；5龄鱼全长101.3～135.9厘米，体重3.5～11.4千克；10龄鱼全长129.5～166.4厘米，体重10.3～19.6千克。最大个体可达60千克。人工养殖条件下，在我国湖北省，一般当年鱼苗到年底，全长可达50～60厘米，体重达0.7～1千克；2龄鱼全长可达67～80厘米，体重达2～3千克；3龄鱼体重可达5千克以上。

（九）俄罗斯鲟

又称俄国鲟，主要分布在里海、亚速海、黑海以及与这些水域相通的河流。除部分是洄游性种类外，还有定居种类，在伏尔加河栖息的大多为定居种类。俄罗斯鲟个体大、生长速度快、抗病力强。其肉味鲜美，营养价值高，尤其是鱼子酱受到国内外消费者的青睐。

俄罗斯鲟体纺锤形，体高为全长的 12% ~ 14%，头长为全长的 17% ~ 19%，吻长为全长的 4% ~ 6.5%，吻短而钝，略呈圆形。触须位于吻端与口之间，更近吻端，须上无伞形纤毛。口小、横裂，较突出，下唇中央断开，口宽平均为头长的 30.8%。体被 5 行骨板，在骨板行之间的体表分布着许多小骨板，常称“小星”。背骨板 8 ~ 18 枚，侧骨板 24 ~ 50 枚，腹骨板 6 ~ 13 枚。骨板色泽呈淡金黄色。背鳍不分枝，鳍条 27 ~ 51；臀鳍不分枝，鳍条 18 ~ 33。体色背部为灰黑色、浅绿色或墨绿色，体侧通常灰褐色，腹部灰色，少量柠檬黄色，幼鱼背部呈蓝色，腹部白色。

俄罗斯鲟多为洄游性种群，部分是终生在淡水中生活的定居性种群，在伏尔加河栖息有定居性种群。

俄罗斯鲟在黑海的西北部主食底栖软体动物，也摄食虾、蟹等甲壳类及鱼类。在亚速海，成鱼主食软体动物、多毛类及鱼类。在多瑙河，幼鱼以糠虾、摇蚊幼虫为食。在里海，其食物组成在不同时期略有差异。一般来说，幼鱼主要以端足目甲壳动物等小型底栖动物为食，成鱼则主要捕食底栖鱼类和摇蚊幼虫，即随着鱼的生长，其食性由近底栖营养型转为底层营养型。俄罗斯鲟的摄食强度有明显的季节变化，夏季摄食强度最高，秋季减低，而冬季则几乎不摄食。此外，溯河洄游的鲟鱼在河中几乎不摄食，降海洄游的鲟鱼在河中摄食也很少。

俄罗斯鲟的生长适宜温度为 18℃ ~ 25℃，最适温度为 20℃ ~ 24℃。俄罗斯鲟在亚速海生长最快，在里海和黑海生长较慢。洄游性种群生长快于定居性种群，雌鱼生长快于雄鱼。在亚速海，1 龄鱼平均全长为 29.4 厘米，2 龄鱼全长 46.2 厘米，体重 2 千克；5 龄鱼全长 66.6 厘米，体重 5.5 千克；10 龄鱼全长 89.8 厘米，体重 12 千克。自然种群最大个体全长可达 235 厘米，体重达 115 千克。

(十)宝石鲈

属鲈形目、鱼刺科、革鱼刺属,学名高体革鱼刺,又叫宝石斑、宝石鱼、玉鲈。原产于澳大利亚墨累河,20 世纪末成为当地人工养殖的优良品种,是澳大利亚名贵的淡水鱼,2001 年引入我国进行养殖。由于鱼体两侧生有大小不一、数量不等的黑色斑块,宛如镶嵌黑色的宝石,故名宝石鲈。在人工养殖条件下投喂配合颗粒饲料,当年可达商品规格。

宝石鲈外形美观、性情温和、抗病力强、生长快速、群体产量高,可单养、混养、池塘养殖、网箱养殖、设施养殖,特别适合垂钓。而且耐低氧,不易掉鳞,适合长途运输。生存水温为 10℃ ~ 38℃。最适生长温度为 20℃ ~ 28℃。宝石鲈头尾的比例小、肌肉丰厚、无肌间刺、内脏少、味道鲜美。

宝石鲈喜食浮游动物如枝角类以及水生昆虫等。人工饲养中可投喂颗粒饲料。此鱼有群聚抢食的习性,甚至可跃出水面抢食。非常适合于集约化、工厂化养殖,亦可在水库网箱内饲养,也可在池塘内单养或混养。

(十一)澳大利亚银鲈

属鲈形目、条纹鱼科,自然分布于澳大利亚东南部 Murray-Darling 水系。20 世纪 80 年代,澳大利亚将其开发成养殖对象和游钓鱼类,是澳大利亚最为重要的淡水养殖种类之一。我国于 1994 年首次引进试养,上海、广东、福建等省、直辖市均引进养殖。但其不耐低氧,活鱼运输不易,且死后体色容易变白,为其主要缺点。

澳大利亚银鲈体似梭形,头部细尖,口小,尾柄细长。体色呈银灰色且富于光泽,鳞片细小,幼鱼阶段体形较修长,随着生长其体干宽度逐渐增加。前鳃盖骨有片状的细突刺,第二鳃盖骨的后端有 2 个突起的棘,背鳍有硬棘 12 根,其末梢尖锐,捕捉时容易互刺受伤。胸鳍及腹鳍各有 1 对硬棘,臀鳍有 3 根,尾鳍内凹。

澳大利亚银鲈为杂食性,偏动物食性,主要以小型水生昆虫、小虾、软体动物为食,也摄食植物性食物。在人工养殖条件下,能完全摄食人工配合饲料,饲料适宜粗蛋白质含量为 35%左右。

澳大利亚银鲈属广温性鱼类。生存温度范围在 2℃ ~ 38℃,其最适生长温度为 22℃ ~ 28℃,水温高于 33℃或低于 16℃,其摄食率会降低,且易感染疾病。澳大利亚银鲈属广盐性鱼类,不仅能在淡水中生活,且可以适应 20‰以下的盐度。但其对溶氧要求较高,养殖水体中的溶氧量应在 3 毫克/升以上,苗种阶段对溶氧量要求更高,应保持 6 毫克/升以上。

经饲养观察,2 年内可养成 500 克左右商品规格,若以 10 厘米以上的鱼种放养,则当年即可养成商品鱼。最大个体可达 8 千克。

(十二)苏氏圆腹𩷶

俗称果巴丁、淡水鲨鱼,属鲇形目、𩷶科。我国于 1978 年从泰国引进,由于种种原因未能得到较好推广。2000 年再次引进养殖,2005 年人工繁殖成功。为热带大型中下层淡水鱼类,食性杂、疾病少、易饲养,是我国南方地区淡水养殖中具有发展潜力的优良品种。

苏氏圆腹𩷶体长侧扁。体色青灰,腹部银白,体表光滑无鳞。头部圆锥形、扁平。吻短,口亚下位。上下颌具小齿,下颌须、触须各 1 对。眼中等大小。背部隆起,腹圆无腹棱。鳃膜发达,在颊部联合,鳃耙长,呈条状。背鳍位于背部的最高处。胸鳍胸位。腹鳍小。臀鳍较长。尾鳍分叉,正尾型。

苏氏圆腹𩷶喜静,一旦受惊便会在水中乱窜。正常生长水温 20℃ ~ 34℃,最适生长温度 26℃ ~ 32℃,当水温降至 14℃ ~ 16℃时,一般不摄食,水温 13℃以下时易冻伤死亡。

苏氏圆腹𩷶属杂食性。苗种阶段主食浮游生物、水生昆虫、水蚯蚓、鳗料等。成鱼养殖可投喂麦麸、豆饼、鱼虾螺蚌肉、畜禽下脚料、发酵畜禽粪便及人工配合饲料。在池塘养殖条件下，当年苗种经4～5个月饲养个体体重达0.4～0.6千克；投放体长12～15厘米冬片当年可长至1.5～2千克，其生长速度1～3龄最快。

(十三)美 洲 鲥

属鲱形总目、鲱形目、鲱科、西鲱属。又被称为美国鲥鱼、美洲西鲱。为溯河产卵鱼类，原分布在北美洲大西洋海岸，由于其优良特性而被广泛引种。

美洲鲥身体侧扁，呈纺锤形。身体下部为银白色(当进入淡水中产卵时颜色变暗)，背部具有蓝绿色金属光泽，鳃盖后方有1黑点，通常还伴随着一些小一点的黑点并形成1行。口端位，成体没有牙齿，下颌在吻部稍微延长，其突起与上颌中央的"V"形缺刻嵌合得很好。眼睛有1明显的眼睑。一行鳞片沿着腹部中线形成明显的脊棱，无侧线。尾鳍深叉型，中部上下具有鳞片。

美洲鲥与中国鲥鱼不但外形和大小基本一样，而且由于生长在北纬45°的水域，与长江鲥鱼的生长纬度相比有过之而无不及，远远优于生长在北纬15°热带水域的泰国鲥，在市场上可以作为资源奇缺的中国鲥鱼的良好替代品。

美洲鲥是海河洄游性鱼类，对盐度的适应性强，成鱼经过2～3天的驯化可以适应海水到淡水环境的变化；孵化后45天和58天的稚鱼转入35‰盐度中24小时的存活率可以达到89%和96%。美洲鲥属于广温性鱼类，对低温的适应力强，耐受下限在2℃左右，因此在我国大部分地区可自然越冬，但长时间置于4℃以下水温，对美洲鲥有一定的伤害；此外在运输、放养过程中也要避免温度变化过快、过大，温差不要超过4℃。美洲鲥对溶氧要求较高，不耐低氧，要维持其正常生活，溶氧量必须维持在3毫克/升以上，养殖生产中要保持5毫克/升以上，才能保证其良好摄食和生长。

美洲鲥对拉网操作等应激反应较强，对杀虫类药物较为敏感，需要注意。

在淡水中生活的美洲鲥稚鱼食物多样，但水生昆虫和甲壳类是最常见的。其稚鱼在水层中而不是在底层摄食，对食物有一定的选择性。进入海洋后，美洲鲥以小型甲壳类为食，许多是底栖性的甲壳类，如糠虾。成鱼摄食桡足类、小鱼、磷虾、鱼卵、端足类等。美洲鲥在淡水池塘中饲养可以驯化摄食人工配合饲料。美洲鲥鱼种阶段的饲料粗蛋白质的适宜含量在40%～45%，粗脂肪含量在6%～8%；成鱼阶段饲料的粗蛋白质含量可降为35%～40%，粗脂肪含量可降为6%。

在美国当地自然条件下，美洲鲥在性成熟前每年生长约10厘米，性成熟后生长减缓，一般可活5～7年，体重长至1～3千克。在加拿大河流中发现的成体一般体长45～50厘米，体重1.4～2.7千克。但据报道其最大年龄可达11龄，体长可达76厘米，体重可达6.8千克。人工饲养条件下，生长较快，广东等南方地区用优质饲料饲喂12个月的个体可达500～600克。

（十四）淡水石斑鱼

学名马那瓜丽体鱼，原产于中美洲尼加拉瓜，属鲈形目、丽鱼科、丽体鱼属。1988年引入我国台湾省，是台湾南部地区普遍的淡水养殖品种，1996年广东、江西一些养殖单位从台湾引入。近年来，淡水石斑鱼养殖技术的研究已引起国内水产工作者的重视，养殖规模也越来越大，成为一种淡水养殖新品种。其外观漂亮，口感鲜嫩而不腻，可与鳜鱼相媲美。

淡水石斑鱼体形为纺锤形，口上位。躯干两侧各有8条黑纹，垂直黑条纹中央有较黑的色素块。胸鳍淡黄色，腹鳍、背鳍、臀鳍皆具有黑色条纹，尾鳍黑色条纹与身体垂直。除黑白条纹外，成鱼体表略带黄色，体色随外界环境及生殖期间发生适应性变化。繁殖期间雄鱼体色较黑，雌鱼体色较淡，并带有黄色；幼鱼眼眶为红色，成鱼眼眶为银黄色。侧线鳞不连续。背鳍ⅩⅤⅢ-12，臀鳍Ⅶ-10，腹鳍Ⅰ-5，胸鳍4。

淡水石斑鱼为热带鱼类，在淡水中生活，但也可在盐度为10‰以下的海水中生长。其适温范围为25℃～30℃，当水温下降至20℃时，摄食明显减少，水温下降至15℃时身体失去平衡，故冬季期间池水会降至15℃以下的地区不太适合养殖此种鱼类。越冬期间水温保持在19℃以上为好。淡水石斑鱼为底层鱼类，耐低氧，抗病力强。

淡水石斑鱼为偏肉食性，鱼苗阶段主要以浮游动物为主，个体相差悬殊的鱼苗会互相残杀，故养殖时要注意分级和分塘管理。繁殖后的鱼苗要及时捞出，以免被亲鱼吞食。经过驯食，可摄食人工配合饲料，饲料粗蛋白质要求35%以上，可用浮性鳗科鱼类饲料投喂。

淡水石斑鱼卵在水温26℃～28℃条件下孵化，6天后卵黄囊消失，鱼游至中上水层，不再群集在池底。卵黄消失后的鱼苗可投喂轮虫、枝角类等小型浮游动物，稍大后可投喂水蚯蚓，之后再以团状的鳗饲料驯食，经过1个月的培育，体长达10厘米左右即可下塘养殖。在台湾地区，夏季期间放养体长约10厘米的鱼苗下塘，经过6～8个月的养殖即可达到500克。其最大体重可达1.2千克。雄鱼的生长速度显著大于雌鱼。在江苏地区，5月初放养平均34克的大规格鱼种，经140天的精心饲养，平均体重可达到456克。

（十五）笋壳鱼

笋壳鱼一名源于泰国，是尖塘鳢属鱼类的俗称。尖塘鳢属鲈形目、鰕虎鱼亚目、塘鳢科。在我国没有尖塘鳢属鱼类的记载，主要分布在东南亚诸国及澳洲大陆。我国珠三角地区先后于1986

年和1996年分别从泰国引进云斑尖塘鳢(也称褐塘鳢、尖塘鳢)和澳大利亚引进线纹尖塘鳢养殖。前者在泰国和我国俗称“泰国笋壳鱼”,后者在澳洲俗称“睡鲶”,在我国,因怕误认为其与鲇近似,又译成“睡鳕”,俗称为“澳洲笋壳鱼”。云斑尖塘鳢主要分布于东南亚湄公河水系,包括柬埔寨、老挝、缅甸、泰国和越南。线纹尖塘鳢主要分布在澳大利亚北昆士兰。

笋壳鱼因肉质细腻、味道鲜美、营养价值高而广受消费者的喜爱。国内消费者对其接受程度较高,主要集中在中高档消费。因此,近年来,笋壳鱼成为热门的人工养殖水产新优品种之一。适宜池塘和网箱饲养。但苗种供应有限,养殖周期2年,需越冬(水温要求15℃)及病害较多等问题制约着其大规模推广养殖。

1. 云斑尖塘鳢 云斑尖塘鳢形似笋壳,体形略延长,前段粗壮呈圆柱状,后部稍扁。吻短而钝。头宽大而扁平。眼小,不突出,上侧位。口上位,下颌突出。口裂斜,后延接近于眼前缘下方。上、下颌齿多行,颌齿细小。体被栉鳞,头背被圆鳞;无侧线,体侧有若干条类似于侧线鳞的横向突起条纹。背鳍2个,前背鳍鳍条为硬棘。臀鳍圆。胸鳍大,呈扇形。腹鳍胸位;尾鳍圆形。生活时体色为黄褐色,容易随生活环境而变化。体侧具5~6个纵向大深褐色斑块,腹部淡黄色,鳍上常有纵向的深褐色条纹或小的深褐色斑点。

云斑尖塘鳢为底栖、喜穴居性鱼类,畏光,喜欢藏于石头缝隙、洞穴中,不喜游动,与其他肉食性鱼类乌鳢、鳜鱼相比,生性并不凶猛,平时只是静静地呆在水中,只有当食物(小鱼、小虾)游近时才变得凶猛。捕食的时候会变得很灵活,能迅速地追逐猎物。对低氧环境适应能力较强,离开水体可存活15小时以上,在潮湿淤泥中24小时后仍能存活。多在夜间活动,白天喜藏进泥里。适温范围15℃~35℃,最适温度25℃~32℃,水温上限40℃,下限10℃。可适应pH值为5的酸性水体及15‰的咸淡水。

在东南亚,云斑尖塘鳢当年的鱼苗经养殖可达到体长 15 ~ 20 厘米,体重 50 ~ 100 克;第二年养殖可达 30 厘米以上,体重 400 ~ 700 克。一般 100 克以下的生长较慢,100 克以上生长逐渐加快,100 克的鱼种养殖 1 年有的体重可达 900 克。最大个体长 60 厘米,重达 5 ~ 6 千克。引进国内后的试养结果显示,在珠三角地区全长 6.3 厘米、体重 2.9 克幼鱼经 120 天生长期的饲养,体重可达 119.3 ~ 150.6 克;全长 4 ~ 5 厘米的幼鱼经 120 天养殖,平均体重可达 100 ~ 150 克;全长 15.5 ~ 16.5 厘米、体重 55 克幼鱼,经 130 天养殖,平均体重可达 250 克以上;体重 30 ~ 50 克的过冬幼鱼经 180 ~ 210 天养殖,个体平均体重达 412 克;体重 50 ~ 75 克的过冬幼鱼经 180 天生长期养殖,个体均重达 500 克。

云斑尖塘鳢以肉食性为主,其食物组成随生长阶段而变化,身长 2 ~ 2.5 厘米的鱼苗以枝角类、桡足类等活饵为食;当鱼苗达体长 4 厘米以上,多表现为静候捕食活饵料,适口饵料为摇蚊幼虫、虾苗及鱼苗等;身长 10 厘米以后主要饵料为小虾、小鱼。在人工养殖条件下,当鱼苗体长 10 厘米以上,体重 20 ~ 50 克,活饵料不足时,较适宜进行人工饵料驯化,可投喂冰鲜鱼肉碎块或人工配合饲料。

2. 线纹尖塘鳢　线纹尖塘鳢体形与云斑尖塘鳢相似,吻短而钝,头宽大而扁平。眼小。口上位。下颌突出,口裂大。上下颌齿多行、细小。体被栉鳞,头腹部被圆鳞,侧线不明显。奇、偶鳍与云斑尖塘鳢相似。体色常为黑褐色或深褐色,背部有暗绿色线纹,体色随生活环境变化而改变。体侧具不明显纵向线纹,尾柄上方也无眼状斑。

线纹尖塘鳢底栖穴居,在池养条件下表现没有云斑尖塘鳢明显,不主动觅食,而较固定在中下层一定的水域范围活动。适宜水温范围为 15℃ ~ 35℃,最适温度 25℃ ~ 30℃,22℃以上摄食正常,15℃以下活动力明显减弱,下限水温 8.5℃,长时间 10℃的低温累积也会有死亡个体出现。耐低氧，能适应在12‰以下盐度的咸淡水水体中生活。

线纹尖塘鳢开口饵料以单胞藻和微小轮虫为主。孵出后10天的稚鱼以枝角类、桡足类等为食。2.5厘米稚幼鱼以水中各种鱼、虾、甲壳类、软体动物的幼体为食。幼成鱼捕食各种小鱼、虾、甲壳类和软体动物。在人工养殖条件下，当鱼苗体长10厘米以上，体重20～50克，活饵料不足时，较适宜进行人工饵料驯化，可投喂冰鲜鱼肉碎块或人工配合饲料，日摄食量为鱼体重的2%～3%（干重）。觅食时间主要在清晨或黄昏后。

思考题

1. 我国主要淡水养殖鱼类组成有哪些特点？选择养殖种类时应注意什么？

2. 我国主要养殖鱼类中哪些是热带鱼类？哪些是冷水鱼类？养殖中各应注意什么？

3. 我国主要养殖鱼类中有哪些食性的鱼类，养殖中如何解决其饲料来源？

4. 你认为哪些养殖鱼类适合你所在地区养殖？

5. 你认为哪些鱼类具有养殖潜力？

第三章　成鱼养殖设施

成鱼的养殖方式根据鱼种放养密度、饲料投入、成鱼产量等可分为精养、半精养和粗养；根据养殖水体及设施条件可分为池塘养殖、三网（网箱、网围、网拦）养殖、室内工厂化设施养殖等；按照水交换量可划分为静水养殖、微流水养殖、流水养殖及循环水养殖等。网箱、流水、工厂化设施及水源条件较好、增氧等机械完备的池塘养殖，鱼种放养密度高，几乎全部依靠人工饲料饲养，养殖产量高，属于精养方式，投入高，产出多，总体效益大；一般的池塘、网围、网拦水面多采取半精养，依靠天然饵料结合人工投喂养殖，投入适中，产量适中，效益也适中；水源条件等较差的池塘和网围、网拦水面及大水面，只能采取粗养的方式，主要依靠天然饵料养殖，适当辅以施肥、投饵等，投入少，产量低。具体养殖方式应根据现有养殖设施条件，结合水源情况、苗种和饲料来源及投资状况来确定。要提高养殖产量，增加经济效益，必须在养殖设施上进行投资、升级和改造，应尽可能创造良好的条件，以充分发挥各种养殖方式的优点，让鱼类在适宜的环境中生长，最大限度地提高产量和质量。其中，池塘养鱼是目前我国食用鱼养殖的主要生产方式之一。由于池塘水体小，管理方便，环境容易控制，生产过程能全面掌握，因此可进行高密度精养，获得高产、优质、低耗、高效的结果。

成鱼养殖池塘应考虑的条件具体包括池塘位置、水源和水质、面积、水深、土质、池塘形状及周围环境等，为提高水体养殖容量，保持水质良好，还需考虑水体增氧、进排水机械设备等。

一、池塘的准备与清整

(一)池塘位置

一般选择水源充足、水质良好、交通和电力供应方便的地方建造鱼池，这样既有利于排灌水，也有利于鱼种、饲料及成鱼的运输和销售。

(二)水源和水质

因为池塘一般要经常加注新水，所以其周围应具有良好的水源。精养池塘内鱼类密度大，投饵施肥量大，池水溶氧量往往不足，水质易恶化，导致鱼类严重浮头甚至泛塘。尽管可以采取一些措施进行水质修复和改良，但要从根本上保障水质，还需要以无污染的河水、湖水来作为水源。这些水一般溶氧高，水质良好，适宜于鱼类的生长。因此，池塘最好靠近河边或湖边。地下水也可以作为养鱼的水源，但其水温和溶氧水平均较低，故使用时应让井水流经较长的渠道或设晒水池进行处理，并在鱼池进水口下设接水板，待水落到接水板上溅起再进入池中，以增加水温和溶氧量；而且，随着我国很多缺水地区地下水位的下降，利用地下水养鱼也逐渐受到限制。

(三)土　质

多数池塘都是挖土建造的，饲养鲤科鱼类的池塘土质以壤土最好，沙质壤土和黏土次之，沙质土最差。黏质土池容易板结，通气性差；沙质土池渗水性大，不易保水保肥，且容易坍塌。养鱼1~2年后的池塘，积存的残饵、鱼类粪便、生物尸体与泥沙混合形成的淤泥代替原有的土壤，若淤泥过多，则其中所含的有机物氧化分解要消耗大量氧气,易造成缺氧,且缺氧后有机物厌氧发酵后会产生氨和硫化氢等有害物质,影响鱼类的生存和生长。保持适度的淤泥对补充水中营养物质和保持池水肥沃有很大作用。主养鲢、鳙或鲮的鱼池放养鱼种前,池底保持 10～15 厘米厚的淤泥较为适宜。

(四)面 积

饲养成鱼的池塘面积应较大——渔谚有“宽水养大鱼”之说。面积大则鱼有足够的活动空间;另一方面,池水面积大,则受风力的作用也较大,有利于表层水溶氧的增加,并通过水体的混合改善下层水的溶氧量,水质突变影响鱼类的可能性也会降低。但是,如果面积过大,则施肥、投饵难以均匀,水质不易控制,管理也不方便,夏季捕鱼时,一网起捕过多,分拣费时,操作困难,稍有疏忽容易造成死鱼事故,而且过风面积大,易形成大浪冲坏池埂。一般用于食用鱼养殖的池塘面积以 6 667 平方米左右较为适宜。如果生产条件较好,可适当增大。

(五)水 深

“一寸水、一寸鱼”,池塘应有一定的水深以保持一定的蓄水量。水较深的池塘一般溶氧状况和水质较好,因而适合于肥水养鱼的要求,较易实现高产。此外,水深的池塘单位面积的水量则大,因而可增加鱼种的放养量,提高单位面积的鱼产量。但池塘并非越深越好,否则池水下层水溶氧低,加之有机物分解又要消耗大量氧气,容易造成下层水经常缺氧,对鱼类的生长甚至生存都有较大影响。实践证明,精养鱼池水位应常年保持在 2～2.5 米。

(六)池塘形状

池塘的形状一般以东西长、南北宽的长方形为好。这种鱼池池埂遮荫面积小，水面日照时间长，有利于浮游植物的光合作用，而且夏季多东南风，水面易起波浪，池水在动态中容易自然增氧，可以减少鱼类浮头。池塘的长宽比以 5:3 为好，其不但便于拉网操作，而且注水时也易使全池池水流转。如果当地地形条件或风向只适合于挖掘其他形状的鱼池，则具体情况具体对待。

（七）池底形状

一般有 3 种：一是锅底形。即池塘四周浅，逐渐向池中央加深，整个池塘形似铁锅。此类池塘干池排水需在池底挖沟，捕鱼、运鱼、挖取淤泥十分不便，须加以改造。二是倾斜形。其池底平坦，并向出水口一侧倾斜。此类池底干池排水、捕鱼均较为方便，但清除淤泥仍十分不便。三是龟背形。其池底中间高（俗称塘背），向四周倾斜，在与池塘斜坡接壤处最深，形成一条浅槽（俗称池槽），整个池底呈龟背状，并向出水口一侧倾斜。这样年底排水干池时，鱼和水都集中在最深的集鱼处（俗称车潭）。其排水、捕鱼十分方便，运鱼距离短，而且塘泥主要淤积在池底最深处的池槽内，多余的淤泥就容易清除，修整池埂可就近取土，劳动强度较小。此外，这种池形结构在拉网时，只需用竹篙将下纲压在池槽内，使整个下纲绷紧，紧贴池底，鱼类就不易从下纲处逃逸，可大大提高底层鱼的起捕率。

（八）池塘改造

良好的池塘条件是养鱼获得高产、稳产的关键之一。当前我国高产、稳产鱼池的条件要求如下：面积适宜，以 6 667 平方米左右较为适宜；池水较深，一般在 2.5 米左右；有充足的水源，水质良好，而且注排水独立分离；池形整齐，堤埂达到一定的高度和宽度，池底平整不渗水，洪水不淹，做到旱涝保收；最好配有一定面积的陆地种植青饲料。

如果池塘达不到上述要求，就应加以改造。改造时总的原则是小改大，浅改深，死水改活水，低埂改高埂、狭埂改宽埂、半年塘改全年塘。

（九）池塘清整

经过 1 年饲养后，池塘底一般会积存大量淤泥，因此每年收获后应进行排水清淤。池中淤泥大部分可挖出或用泵吸出运至农田或菜地作为肥料，池底四周离埂近的淤泥挖至堤埂边，稍干后贴在池埂拍打紧实以护堤，有条件的可立即在上面种植青饲料，这样既能改善池塘条件，增加蓄水量；又能提供肥料和青饲料，还可防止池坡和池埂的坍塌。池底应尽量裸露一段时间，以自然暴晒风干底泥，促进底泥的分解矿化，减少有机质含量，降低加水后底泥耗氧，同时杀死部分有害寄生虫卵和病菌。如养鲢、鳙、草鱼，则可以在底泥上种植草类供草鱼食用，或加水后肥水。

池塘清整时，还要选取合适的药物进行清塘。常用的清塘药物有生石灰、茶麸、漂白粉，也可用二氧化氯、强氯精和茶粕等，但以生石灰清塘效果为好。生石灰既可中和土质，使池底呈弱碱性，又能杀死野杂鱼、寄生虫和病原菌等。

清整好的池塘注入新水时要用密眼网过滤，防止野杂鱼进入，待清塘药物药力消失后方可放入鱼种进行饲养。

二、增氧机

（一）增氧机的种类

增氧机是一种比较有效的改善水质、防止浮头、提高产量的专用水产养殖机械。目前我国已生产出喷水式、水车式、管叶式、涌喷式、射流式和叶轮式等类型的增氧机。增氧机具有增氧、搅水和曝气等3方面的作用。它们虽然在运转过程中同时完成，但在不同情况下，则以1个或2个作用为主。从改善水质、防止浮头的效果看，以叶轮式增氧机最合适，在成鱼池中也大多采用叶轮式增氧机。

1. 叶轮式增氧机 该机是运用搅拌水体和曝气原理增加水中的溶氧量，具有增氧效果好、动力效率高的特点，一般能向水中增氧1~1.5千克/(千瓦·时)。使用时整机浮在池塘中央并用绳索系牢于池边。工作时叶轮旋转，搅拌水体，产生提水和推水的混合作用，促使水体上下对流，将表层富氧水送到底层，把缺氧的底层水向上提升，使整个水体的溶氧趋向均衡。当增氧机负荷水面较大，如0.1~0.2公顷时，其平均分配于池塘整个水体的增氧值并不高。因此，对于池塘大水体而言，实际增氧效果在短期内并不显著，只能在增氧机水跃圈周围保持一个溶氧较高的区域，使鱼群集中在这一范围内，达到救鱼的目的。

2. 水车式增氧机 这种增氧机工作时，桨叶高速击水，从而把空气搅入水中，以达到增氧目的。其适合于在水较浅的池塘中使用，不会搅动底泥，能保持池水清爽。其增氧动力效率一般为180克/(千瓦·时)。

3. 喷水式增氧机 此种增氧机是利用水泵把水送入装在鱼池中部和岸边的喷头，使水喷出并呈雨状降下，借此与空气接触达到增加水中溶氧的目的。其同样只适用于水浅的小型鱼塘使用，其增氧动力效率是130克/(千瓦·时)。

4. 射流式增氧机 该型增氧机由潜水泵和射流管配套组合而成。工作时，水泵里的水从射流管内的喷嘴高速射出，产生负压，从而吸入空气，水和空气在混合室里混合，然后由扩散管压出，溶氧就会随着直线方向的水流扩散。由于这种增氧机在水面下没有转动的机械，不会伤害鱼体，很适合养鱼密度大的深水鱼池使用。其增氧动力效率为380~1 420克/(千瓦·时)。

5. 充气式增氧机　其主机是空气压缩机或鼓风机。当空气加压后通过水底安装的沙滤芯或微孔塑料管时，排出微小气泡，在气泡上升的过程中，一部分氧气溶入水中，形成水体运动。该机适合于深水鱼池使用，其增氧动力效率为230克/(千瓦·时)。

(二)增氧机的使用

增氧机具有“增氧、搅水、曝气”三大作用。目前在全国各地的精养鱼池中普遍使用，但使用上常常不太合理，往往是“不见浮头不开机”，使增氧机变成了“救鱼机”，每年使用时间短，增氧机的生产潜力没有充分发挥出来。为使增氧机从“救鱼机”变成“增产机”，应采取如下方法。

一是针对不同天气引起缺氧的主要原因，根据增氧机的作用原理，适时地使用增氧机。晴天早晨缺氧主要是前一天白天上下水层溶氧垂直变化大，下层水温低，密度大；上层水温高，密度小，上下水层无法及时对流，上层超饱和氧气未能及时利用就逸出水面而白白浪费掉，而下层耗氧因子多，待夜间表层水温下降、密度增大引起上下水层对流时，往往容易使整个水层溶氧条件恶化而引起浮头。采用晴天中午开机，就是运用生物造氧和机械输氧相结合的方法，利用增氧机的搅水作用人为克服水的热阻力，将上层浮游植物光合作用产生的大量过饱和氧气输送到下层去，及时补充下层水溶氧，降低下层水的耗氧量。此时上层水的溶氧量虽比开机前低，但下午经藻类光合作用，上层溶氧仍可达饱和。到夜间池水自然对流后，上下水层溶氧仍可保持较高水平，可在一定程度上缓和或消除鱼类浮头的威胁。晴天中午开机不仅可防止或减轻鱼类浮头，而且也促进了有机物的分解和浮游生物的繁殖，加速池塘内的物质循环。因此，在鱼类主要生长季节，必须抓住每一个晴天，坚持在中午开增氧机，充分利用上层水中过饱和氧气。由于浮游植物光合作用不强，造氧少、耗氧高，阴雨天常缺氧，以致溶氧供不应求而引起鱼类浮头。此时必须充分发挥增氧机的作用，运用预测浮头的技术，及早增氧。必须在鱼类浮头以前开机，直接提高溶氧低峰值，防止和解救鱼类浮头。晴天傍晚开机，使上下水层提前对流，反而增大耗氧水层和耗氧量，其作用与傍晚下雷阵雨相似，容易引起浮头。阴雨天中午开机，不但不能增加下层水的溶氧，反而降低了上层浮游植物的造氧作用，增加了池塘的耗氧水层，加速了下层水的耗氧速度，极易引起浮头。所以说晴天傍晚和阴雨天中午开机是开“浮头机”。

二是必须结合具体情况，运用预测浮头的技术，合理使用增氧机。增氧机的开机时机和运转时间长短不是绝对的，它同气候、水温、池塘条件、投饵施肥量、增氧机的功率大小等因素有关。应结合当时的具体情况，根据池塘溶氧变化规律，灵活掌握，合理使用增氧机。如水质过肥时，可采用晴天中午和清晨相结合的开机方法，以改善池水溶氧条件。

根据上述要求，选择最适开机时间可依据下述原则：晴天中午开，阴天清晨开，连绵阴雨半夜开，傍晚不开，浮头早开，鱼类主要生长季节坚持每天开。运转时间可采用：半夜开机时长；中午开机时间短，天气炎热、面积大或负荷水面大，开机时间长；天气凉爽、面积小或负荷水面小开机时间短。生产中可根据具体情况，灵活应用。

合理使用增氧机具有充分利用水体，提高水温，预防浮头，解救浮头，防止泛池，加速池塘物质循环，稳定水质，增加鱼种放养密度和增加投饵施肥量，提高产量，有利于防治鱼病等作用。研究结果表明，在相似的条件下，合理使用增氧机的池塘比对照池净产增长 14%左右。

三、其他设备

(一)水泵和离心泵

为满足池塘进排水需要,应该配备水泵和离心泵。最好配备机械动力泵,以便停电时使用。功率大小根据池塘面积、换水量等而定。

(二)水质改良机

水质改良机具有抽水,吸出塘泥向池埂饲料地施肥,将塘泥喷向水面,喷水增氧等功能。该机增氧、搅水、曝气及解救浮头的效果比叶轮增氧机低,但它在降低塘泥耗氧,充分利用塘泥,改善水质,预防浮头等方面的作用优于叶轮增氧机,且能一机多用(抽水、增氧、吸泥、喷泥等),使用效率比增氧机高。因此,有条件的地方,应该配备水质改良机。

水质改良机除了用以加水、喷水增氧外,主要用来喷泥和吸塘泥作为种植青饲料的肥料。其中以喷泥改善水质效果最佳。但喷泥的前提是池塘上层水溶氧必须达到过饱和。因此,使用水质改良机喷泥要具备 2 个条件:一是池水浮游植物达到一定数量,一般要求藻类干重在 0.032 克/升以上或 3 000 万个/升以上。二是白天天气晴朗,一般要求白天最大光照度在 5 万勒克斯以上,以维持足够的能量,用于藻类的光化学反应。因此,喷泥或吸泥应选择晴天或晴到多云天气进行。如果池水浮游植物数量少,应先施磷肥或其他无机肥料,待浮游植物大量繁殖后再行喷泥。鱼池喷泥应选择晴天中午喷泥 2 小时,最迟应在 15 时以前结束,喷泥面积不超过池塘面积的 1/2,以防止耗氧过高。如上午晴天,下午转阴,就不能喷泥。否则,至傍晚池塘上层水溶氧仍回升很少,夜间对流后，池鱼易浮头。为保持池塘生态系统的良性循环，必须减少塘泥和经常降低塘泥中的氧债，提高池塘物质循环强度。为此，应在鱼类主要生长季节，每月吸1次塘泥，作为塘边饲料地的肥料；每隔5~7天喷1次塘泥，并根据当时的水温、天气、水质和塘泥多少确定喷泥间隔和运转时间。

思考题

1. 常见的养殖方式有哪些？各有什么优缺点？

2. 池塘的准备与清理包括哪些内容？

3. 常用的增氧机有哪几种？各有什么优缺点？如何正确使用？

4. 水质改良机的作用有哪些？如何正确使用？

第四章　水质调控

在鱼类养殖中,鱼水关系尤为重要。一方面,水为鱼类提供生长、发育、繁殖、栖息的立体空间,也是鱼类代谢废物、残饵、尸骸等贮存、积累、分解和转化的空间;另一方面,鱼类的活动又会引起养殖水体环境的深刻变化,养殖废水排放到天然水体,常常会影响天然水体的水质,加剧水体的污染。因此,养殖过程中做好水质调控,对保障高产、稳产及鱼产品质量,提高经济效益至关重要。而目前普遍存在的病害频繁发生、浮头泛池现象严重、鱼产品质量欠佳,均与水质不良有较为密切的关系。“养鱼先养水”已为水产养殖者所共识。

养殖水质管理包括养殖用水和养殖废水的管理。即利用物理、化学和生物的方法将养殖水体中和排放废水中含有的污染物分离出来或将其转化为无害物质,保障养殖水质良好,维持鱼类的优良摄食和生长环境,使排放废水达到排污标准或循环利用。作为养殖用水,其洁净标准达到国家渔业水质标准,而养殖废水的排放则要符合国家地表水排放标准。

养殖用水和废水的净化处理的主要工艺和流程分别见表 4-1 和图 4-1。

表 4-1　养殖用水和废水的处理方法比较

方法类型	处理方法	处理对象	优缺点
物理法	栅栏、筛网	去除野杂鱼、敌害生物、大粒径悬浮物、漂浮物	优点:工艺简单,费用低廉 缺点:一般属水质预处理和初级处理
	沉淀、气浮、过滤	去除小粒径块状物、粒状悬浮物及胶体物质	

续表 4-1

方法类型	处理方法	处理对象	优缺点
化学法	中和法、混凝法	调节 pH 值，属预处理，去除悬浮物、胶体物质及色度	优点：占地面积小，处理时间较短，处理后的水质好 缺点：费用较大
	氧化法	去除溶解性物质，杀藻、杀菌、脱色	
生物法	好氧生物处理：生物膜法、活性污泥法	去除溶解性污染物，生化需氧量、化学需氧量去除率达 85% ~ 95%	优点：利用微生物使溶解有机物转化为无害物质，并可大大降低其浓度，耐冲击，负荷有机物的能力较强 缺点：占地面积较大，微生物、藻类（海藻）、水生维管束植物均需培养，处理时间长，并需处理老化物质
	厌氧生物处理：消化池法、化粪池法	处理高度污染的废水和带有某些重金属毒物的废水	
	水生生物处理：微藻、水草、氧化塘	脱氮、磷、碳	

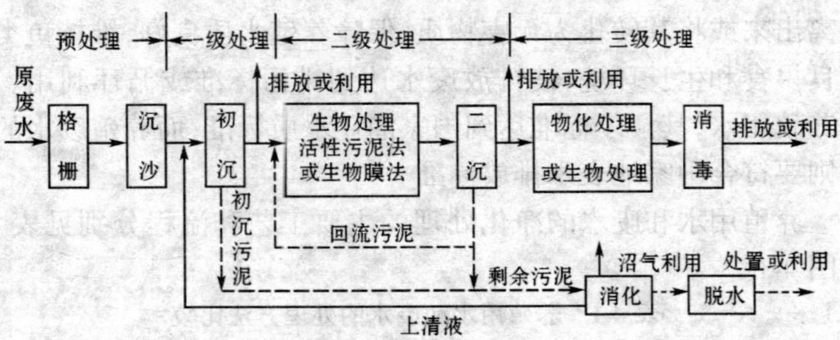

图 4-1　废水处理的一般流程

一、养殖用水和废水的物理处理

(一)水体中悬浮物的物理处理

在养殖用水和废水中往往含有较多的悬浮物(如粪便、残饵等)或其他水生生物(如鱼、虾、浮游动物、水草等),为了净化或保护后续水处理设施的正常运转,降低其他设施的处理负荷,都要将这些悬浮或浮游有机物尽可能用简单的物理方法除去。物理方法主要是利用物理作用,其处理过程中不改变污染物的化学性质。处理方法包括:栅栏、筛网、沉淀、气浮、过滤等。

1. 栅栏　通常用在养鱼水源进水口,目的是防止水中个体较大的鱼类、虾类、漂浮物和悬浮物进入进水口。否则,容易使水泵、管道堵塞或将敌害生物带入养鱼水体。栅栏通常是由竹箔、网片组成,也有的由金属结构的网格组成。

2. 筛网　筛网材料通常为尼龙筛绢。筛网可去除浮游动物(小虾、枝角类、桡足类等)和尺寸较小的有机物(如粪便、残饵及悬浮物等)。生产上,作为幼体孵化用水,往往在水源进水口,栅栏的内侧再安置筛网,以防小型浮游动物进入孵化容器中残害幼体。为便于清除,往往将部分筛网做成漏斗形口袋状。

在工厂化养鱼的水处理上,养殖废水的循环使用,第一步就是用筛网将粪便、残饵、悬浮物等有机物清除。为便于清除,往往将筛网设计成转鼓式、旋转式、转盘式。由于筛绢网在不停地旋转,筛绢主要起拦集有机物的作用,筛绢孔隙不易变形,也不易损坏,而且也有利于筛绢的清洗和脏物的收集。

3. 沉　淀

(1)沉淀类型　沉淀是借助水中悬浮固体本身的重力,从静止或缓流的液体中,将密度比悬浊液大的颗粒物质与水分离的过程。

沉淀主要分为3种类型。一是自由沉淀。水中悬浮固体物质的浓度不高,颗粒无凝聚性,在沉淀过程中颗粒间不相互黏合,形状和大小均不变,沉降速度也不变,这种沉淀称自由沉淀。二是絮凝沉淀。水中悬浮固体虽浓度不高,但固体颗粒有凝聚性,在沉淀过程中颗粒能互相黏合,成为较大的絮凝体,且沉降速度在沉淀过程中逐渐增大,称为絮凝沉淀。三是化学沉淀。在污水中加入化学药剂,产生化学反应,生成不溶性化合物,然后把这种不溶性化合物通过沉淀分离出来,称为化学沉淀。

在生产中应用较多的方法是沉淀池上加盖,以便使水中浮游藻类在黑暗中沉淀下来,这种方法称暗沉淀。通常需静止沉淀48小时后,方能澄清。

(2)沉淀池结构　根据水在沉淀池中流动的方向,可将沉淀池分为平流式、竖流式和辐流式3种(图4-2)。平流式沉淀池为一长方形水池,砖混结构,结构简单,造价低,适用于水量和温度变化大的养殖用水;辐流式沉淀池为一漏斗形圆形池,池中间进水,由不同高度的进水孔进水,排污管在沉淀池漏斗最深处;竖流式沉淀池形状同辐流式,但池水由池的中底部进入。

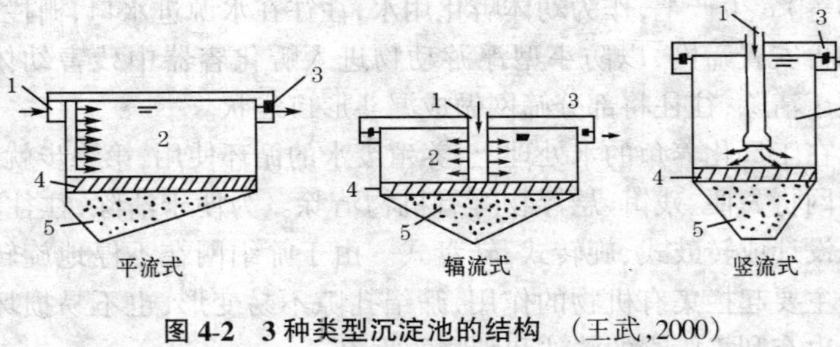

图4-2　3种类型沉淀池的结构　(王武,2000)

1.进水区　2.沉淀区　3.出水区　4.缓冲区　5.污泥区

4.气浮(浮选)　气浮法是将空气通入水中,以微小气泡作为载体,使水中的悬浮物微粒黏附于气泡上,借助气泡的浮力带动上浮，从而使杂物与水分离。采用气浮法可大大提高水中颗粒较小、密度较轻（密度接近1）的微粒上浮的速度。例如，微小的油珠自由上浮速度仅1微米/秒左右，而黏附于气泡后，其速度可以上升到1毫米/秒，上浮速度提高1 000倍。气浮法的布气方式有：射流布气、微气泡布气、叶轮布气、加压溶气（即加压下强制空气溶解于水中，然后突然减压，便产生众多微小气泡）等方法（图4-3、图4-4）。

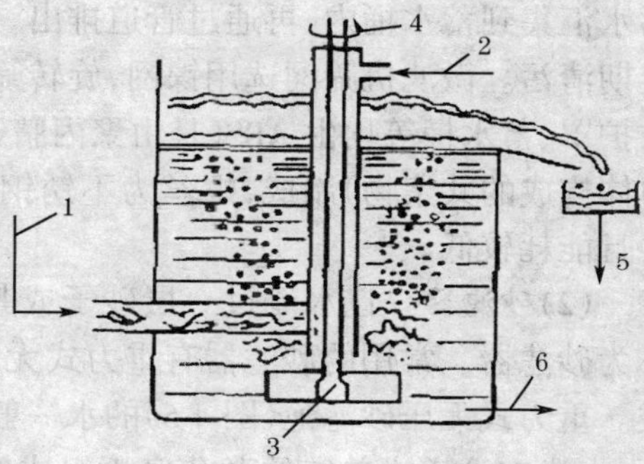

图4-3 叶轮切割气泡布气浮上法

1. 入流液 2. 空气 3. 混合器 4. 电动机 5. 浮渣 6. 出流

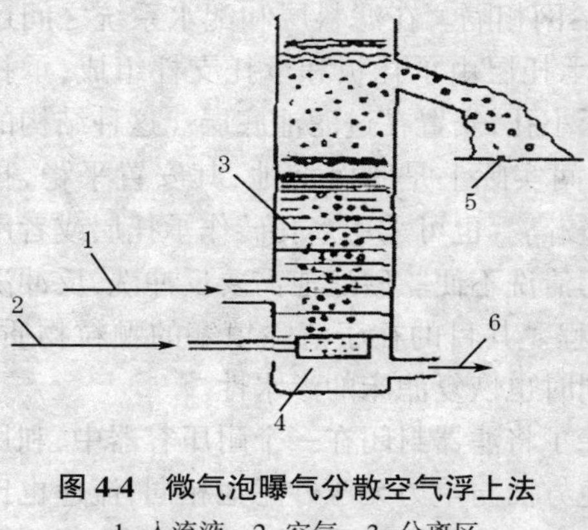

图4-4 微气泡曝气分散空气浮上法

1. 入流液 2. 空气 3. 分离区 4. 微孔扩散设备 5. 浮渣 6. 出流

5. 过 滤

（1）微滤机 微滤机由一个四周布满了筛网的圆筒组成，水流从圆筒一端沿轴向流入，沿径向滤过筛眼。反冲装置安装在筛网上部外侧，由于筛子转动，局部被堵塞的筛网面，经过上方喷射高压水的反冲装置，粘在筛网上的颗粒被冲离筛网顺水流去。反冲洗沟道设在筛网内部上半部分，在筛网内，保持反冲洗沟道高于污水水位，反冲洗沟道汇集反冲水流到排水管，滤过筛眼的污水汇集到蓄水桶内,再通过管道排出。蓄水桶底设排水阀,可以定期清污。微滤机筛网选用镍网,旋转筛骨架、轴承、管道及接头、防护罩、蓄水桶等均由 ABS(是由聚丙腈、丁二烯、苯乙烯三种化学单体构成的共聚物)制成,螺丝为不锈钢材料,可以有效地防止锈蚀且能耗较低。

(2)砂滤器　让水流过一层砂子或其他微粒物质的过滤装置称为砂滤器。常用的砂滤器有重力式无压砂滤池和压力砂滤器 2 类。重力式无压砂滤池(图 4-5)的水一般从顶部进入,经由滤床流下,由凿空管道或单纯的凿孔底板组成净水收集系统。净水从一侧流出,重力提供了水经由过滤装置流出所必需的能量。重力浸没式无压砂滤池的一般结构,其过滤层 4 层,最上层为直径 1 毫米左右的中砂,厚度为 50 厘米,第二层为直径 3 毫米的粗砂,厚度为 30 厘米,第三层为直径 30～50 毫米的鹅卵石,厚度为 20 厘米,最下层为直径 100～300 毫米的块石,厚度为 50 厘米。各滤层之间用 1 毫米左右的双层聚乙烯网相隔。在滤料层和配水系统之间还应安置承托层或称垫层。承托层由承托板和承托支柱组成,承托板为钢筋水泥板,上设若干小孔,安置在过滤池底层。这种结构的过滤池其承托板以下的空间实际上是暗沉淀池,其安置平稳,排污、冲洗极为方便,但造价较高。也可采用多孔砖作承托层或者用大的鹅卵石作垫层,但排污清洗不便。砂滤池需要反冲洗,反冲洗是水流反向流过滤池的过程。其目的在于清除填塞的颗粒物质。反冲洗往往使滤床膨胀,同时也恢复滤床的渗水性。

压力砂滤器(图 4-6)除了将滤器封闭在一个耐压容器中,利用泵给滤器加压力之外,其他方面与重力无压砂滤池相同,流速也比较快,可使微粒物质更深地进入滤床内,从而使滤器的深度得到更充分的利用。在给定的速度下,压力砂滤器要比重力无压砂滤池小,这是其主要优点。

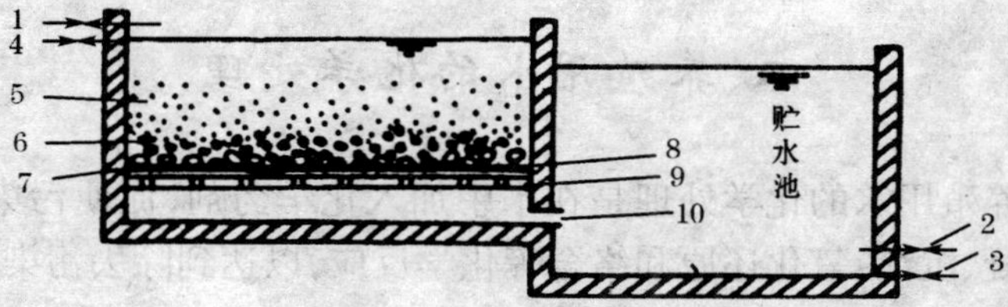

图 4-5　无压砂滤池

1. 进水管　2. 出水管　3. 排污管　4. 溢流管　5. 细砂　6. 粗砂　7. 砾石　8. 网布　9. 筛板　10. 通水孔

(二)水体溶氧和底质改良的物理处理

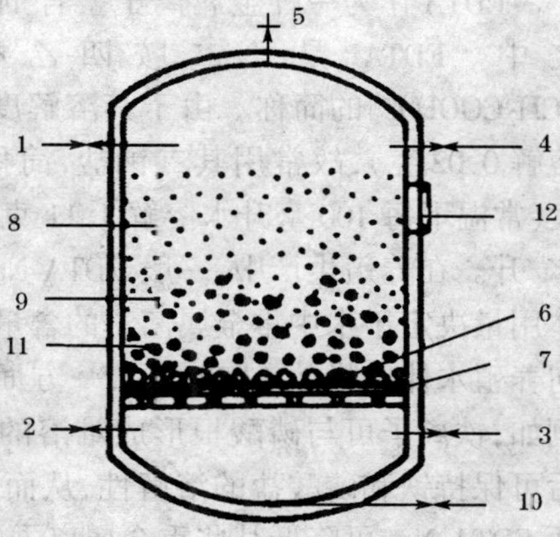

图 4-6　压力砂滤器

1. 进水管　2. 反冲管　3. 出水管　4. 溢流管　5. 排气管　6. 网布　7. 筛板　8. 细砂　9. 粗砂　10. 排污管　11. 砾石　12. 入孔

水体溶氧直接影响到鱼类的放养密度、摄食生长效率和养殖产量,同时还通过影响水体水质和底泥理化性质对鱼类产生作用,因此是水质管理的重点。改良的主要物理方法是充换水和机械增氧。此外,底质状况对水质影响也较大,也是水质管理的重点,改良的物理方法是底泥的抽吸和回塘处理。水体溶氧和底质改良的具体方法参见第三章相关内容。

二、养殖用水的化学处理

养殖用水的化学处理是在水中加入化学药剂，促使污染物发生混凝、沉淀、氧化还原和络合等化学反应，以达到除去污染物、净化水体的目的。

(一)螯合法

EDTA 作为一种金属离子螯合剂，已广泛用于水产养殖生产之中。EDTA 是乙二胺四乙酸[$(CH_2COOH)_2NCH_2CH_2N(CH_2COOH)_2$]的简称。由于其溶解度很小(常温下每 100 毫升水溶解 0.02 克)，故常用其二钠盐，简称为 EDTA-Na_2。后者溶解度大(常温下每 100 毫升水溶解 1.11 克)，饱和水溶液浓度为 0.3 摩尔/升。在养殖生产中，一般 EDTA-Na_2 的用量为 2～6 毫克/升，具体用量决定于水中重金属离子的含量和水体环境条件。一般认为向养殖水体中投放 EDTA-Na_2，一方面可保持某些元素的溶解度，例如，铁离子可与磷酸根形成难溶的磷酸盐沉淀，EDTA-Na_2 加入后可保持铁和磷酸盐的溶解性，从而易被水生生物吸收。另一方面 EDTA-Na_2 可降低某些重金属离子的毒性，因为多数金属元素以游离的离子存在时毒性最大，EDTA-Na_2 虽不能从水中除去重金属元素，却能改变其存在形态，将水中呈游离态存在的重金属离子变为毒性相对较小的络合态。

(二)氧化还原法

在水产养殖生产上最常用的是空气氧化法，即将水中的无机物和溶解有机物通过氧化还原反应转化为无害物质或转化为易于从水中分离的气体或固体。

池塘淤泥中的有机物在缺氧环境下(在微生物的作用下)产生

大量硫化氢、氨等有毒物质,采用水质改良机械(翻动淤泥或将其吸出暴露在空气中)或干池暴晒,使其发生氧化还原反应,使硫化氢转化成硫酸根离子,氨氧化为亚硝酸根离子并进一步氧化为硝酸根离子。它们不仅无毒,而且是植物良好的营养物质,可有效净化水质。

在缺氧的地下水中的铁以还原态形式二价铁离子存在,其为水溶性,因此刚从深井中抽出的水无色透明。但一旦遇到空气中的氧气,水中的二价铁即氧化为三价铁,其为固态物质,水即呈现铁锈色。因此,可将深井水先用增氧机曝气、增氧,一方面向水中增氧以供养殖用水本身需要,另一方面使水中二价铁氧化为三价铁,同时三价铁与水中的氢氧根形成絮状沉淀的氢氧化铁而加以除去。

(三)混凝法

水中的悬浮物大多可通过自然沉淀法去除,而胶体颗粒(大小为0.001~0.1微米)则不能依靠自然沉淀法去除,在这种情况下可投加无机或有机混凝剂,促使胶体凝聚成大颗粒而自然沉淀。使用混凝技术,其BOD_5的去除率可达30%~60%,悬浮物和浊度的去除率可提高30%~95%。

1. 铝盐 包括明矾[$Al_2(SO_4)_3K_2SO_4\cdot 24H_2O$]、硫酸铝[$Al_2(SO_4)_3\cdot 18H_2O$]等,属无机混凝剂。应用的适温范围为20℃~40℃,pH值为4~8,其中pH值为4~7时去除有机物效率高,而当pH值为5~7.8时清除悬浮物较好。目前生产上推广一种无机高分子混凝剂,工业上称碱式氯化铝,化学上称聚三氯化铝(PAC),俗称聚合铝或碱式铝。其优点是:用量少,仅为硫酸铝用量的1/4~1/2;反应迅速,水温低时也能很好反应;絮凝体沉淀快,容易过滤;pH值适宜范围为5~9,最适pH值为6~6.8。

2. 铁盐 主要有三氯化铁($FeCl_3\cdot 6H_2O$)和硫酸亚铁($FeSO_4\cdot$

$6H_2O$)等。其中以三氯化铁最为常用。其纯度高,渣量少,易溶解,产生的絮凝体大,沉降快,脱色效果好,而且不受水温影响,pH值为6~11之间均可。

3. 聚丙烯酰胺 是一种有机合成高分子混凝剂。目前市售的产品分阳离子型和阴离子型2种。

(四)化学增氧法

养殖水体中使用化学增氧剂一般是通过投入过氧化物,使其在水中释放氧气;还可投入部分氧化性药物,如含氯消毒剂等,其既有消毒作用,又有释放氧气的作用,也可以起到氧化有机物而减少耗氧的作用。

1. 复方增氧剂 主要成分为过碳酸钠($2Na_2CO_3 \cdot H_2O_2$)和沸石粉,含有效氧12%~13%,遇水即可释放出大量的可溶于水的游离氧,能迅速增加水体溶氧,主要用于解救因缺氧而引起的浮头和泛池,同时,具有改善水质的作用,能吸附和降解水体中的有机物,去除氨、氮、硫化氢和藻类毒素等有毒有害物。

2. 过氧化钙 又称为氧石灰,由天然矿物质经过煅烧加氧处理而成,纯粉有效释放氧为8%,而氧气一般难溶于水,为了增加所释放氧气溶解在水中,往往采用砂土料拌后投入,尽可能在底部释放等措施。养殖生产中过氧化钙只能当作4%有效溶氧施用。施用过氧化钙时,池水pH值明显升高,还带入较多的钙离子,忌于酸碱混用。常规池塘施用后往往造成水色突变等现象,按规定用量均在15克/立方米水以上。

3. 过羟酰胺 属于温和型缓释的增氧剂,其增氧时效可长达3~5小时,有效活性含氧量为12%以上,因缓释而提高有效溶解氧,分解产物为无毒物质,可以提供藻类、光合细菌的营养元素,有助于水色培养。

4. 过氧化氢 又名双氧水。属强氧化剂。能形成氧化能力很强的自由羟基及活性衍生物。在其分解过程中释放出异常活泼的新生态氧,能使微生物的细胞膜和原生质破灭而达到灭活的目的,是当今国内外一致公认的一种优良增氧剂和消毒剂。

此外,用于鱼池增氧的化学药物还有过氧化氢碳酸酰胺、过硼酸钠等,而目前市场销售的水产用增氧剂有几十种,如增氧灵、浮头灵、鱼虾救星、氧宝、速氧、必备安、富氧、速效增氧剂等。

(五)消毒法

消毒主要是杀灭养殖水体中对养殖对象和人体有害的微生物,降低有机物的数量,脱氮、脱色和脱臭。

1. 氯化物消毒 氯化物消毒剂有漂白粉、漂粉精、二氯异氰尿酸钠、二氯异氰尿酸、三氯异氰尿酸、二氧化氯等。作为消毒剂和水质净化剂的各类氯化物的有效氯含量和特点见表 4-2。

表 4-2 各类氯化物的有效氯含量及使用方法

种类	有效氯含量	用量(毫克/升)	特点
漂白粉(氯石灰)	25%~35%	消毒:1~3 净化:10~20	特点稳定性差,易潮解
漂白精(次氯酸钙)	60%~65%	漂白粉的 1/2	稳定性好,易溶于水,遇光易分解
二氯异氰尿酸钠(优氯净)	60%~64%	漂白粉的 1/2	易溶于水,性能稳定,室内可保持半年
二氯异氰尿酸(防消散)	<65%	漂白粉的 1/2	微溶于水,性能稳定,室内可保持半年
三氯异氰尿酸(强氯精)	<85%	漂白粉的 1/3	微溶于水,性能稳定,室内可保持半年

二氧化氯(ClO_2)是一种广谱杀菌消毒剂和水质净化剂,具有

高度的氧化能力，可使微生物蛋白质中的氨基酸氧化分解，从而使微生物死亡。二氧化氯可杀灭细菌、病毒、芽孢、原生动物和藻类。作为消毒剂其用量通常为 5～10 毫克/升。使用前先将原液 10 份与柠檬酸或白醋 1 份充分混合并加盖置于暗处活化 3～5 分钟后，再全池泼洒。

2. 臭氧（O_3） 臭氧是一种高效杀菌剂，对任何病菌都有强烈的杀菌能力，而且作用迅速可靠。臭氧的氧化产物往往是无毒或生物可降解的物质。臭氧氧化后，不生成污泥，大大减少有机物沉积。处理设备占地面积小，易于控制并实现自动化。但是臭氧发生器的电耗较大，处理成本较高；处理后的水没有持续灭菌的功能，易遭二次污染。

三、养殖用水的生物处理

（一）生物过滤技术

广义的生物过滤包括任何利用活体生物从水中去除杂质的过滤技术。这里所讲的生物过滤技术主要指去除或转化养殖废水中溶解的无机物或有机物。

1. 水生植物过滤技术 植物过滤主要是利用植物光合作用吸收无机氮、磷后转化为有机物，达到去除水中营养性污染物的目的。目前，水产养殖废水处理中采用较多的植物过滤技术有藻类过滤技术、水培植物技术和人工湿地净化技术。

近年来，由于微藻利用及收获技术的研究得到了关注，微藻过滤养殖废水技术也随之得到发展，如序批式微藻过滤技术、微藻稀释培养技术、微藻固定化技术等。牧食生物混合培养技术和贝类或虾类组成的复合养殖系统等为微藻的收获利用提供了技术保证。

养殖废水中含有的有机或无机营养物质恰恰是水培植物所必需的，因而可以利用种植水培植物的方法去除营养物。水培植物是借助于循环水系统，将鱼类养殖、水培蔬菜与花卉等相连，组成复合生物系统。目前研究较多的是蔬菜水培技术，如罗非鱼-莴苣复合养殖水培系统，在采用薄膜技术开发的传送带生产系统中，利用莴苣可将水中的磷从 0.53 毫克/升降低至 0.01 毫克/升以下。与传统的一些处理方式相比，水培植物技术的优势在于低投资、低能耗、处理过程与自然生态系统有更大的相融性等。植物系统净化富营养化水体主要是通过植物的吸收作用，根区微生物的降解作用，植物的吸附、过滤、沉淀作用，植物的抑制藻类生长及作为生态系统的生产者来调节其他生物种类和数量的作用来完成的。

2. 微生物过滤技术　微生物过滤技术也是一种被广泛使用的废水处理技术，它是以土壤自净原理为依据，在污水灌溉的实践基础上，经较原始的间歇砂滤和接触过滤技术而发展起来的微生物处理技术。该技术可将附着微生物的载体装载于一定体积和几何形状的容器中组成生物滤器，并可作为商品出售。用于微生物过滤的生物滤器可分为硝化作用滤器和脱氮滤器等，也称生物膜法。

利用细菌把含氮有机化合物转化为硝酸盐的过程称为生物过滤。在所有生物滤器中，都产生某些氨化和脱氨基作用，将氨转化成亚硝酸盐和将亚硝酸盐转化成硝酸盐。生物滤器的滤料是碎石、卵石、焦炭、煤渣、塑料蜂窝、高分子材料载体填料、植物载体填料等，生物滤器能连续使用，不需要更换滤料。

生物滤器在启用前 30～40 天先过水运转，接种和培养生物，使滤料表面形成一层明胶状的黏膜，即生物膜，主要是好气菌、原生动物、细菌等，它们以氨、溶解有机物质为食料，在呼吸作用中氧化，从而获得生命进行繁殖，而微生物又是更大的原生动物的食料，由于生物间的互相依赖，保持平衡状态，水中的有机废物最终被分解为二氧化碳、氨、硝酸盐、硫酸盐等简单的化合物，从而使水得到净化。

生物膜法主要有以下生物滤池和生物转盘 2 种类型。

(1)生物滤池　见图 4-7。即在池内设置填料(或滤料)，经充氧曝气后的废水以一定流速不断地通过填料，使填料上长满生物膜，以降解废水中的有机污染物。生物滤池的滤料早先与物理过滤的滤料相同，然而一旦生物膜老化脱落，其滤缝很容易堵塞，给冲洗带来了困难。因此目前生物滤池实际上大多均用填料代替。常用的填料有粒径 3～5 厘米的煤渣和石砾，以多微孔的煤渣最佳，其表面积大，挂膜能力强。近年来已大量使用聚乙烯、聚酰胺材料制造的波形板式、蜂窝式、生物球式的填料。其特点是质轻、强度高、耐腐蚀、大小一致，其表面积达 100～200 米^2/米^3。

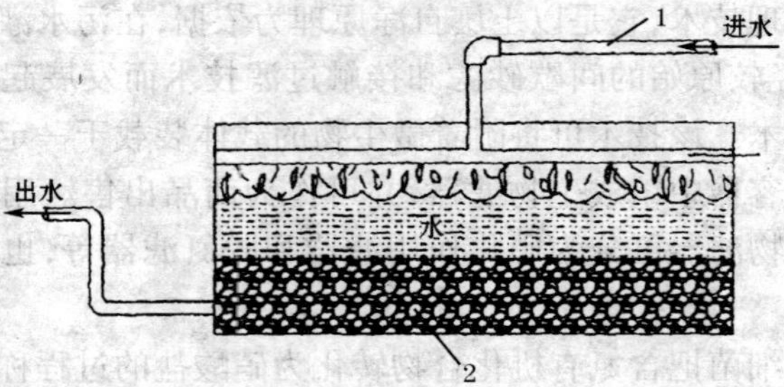

图 4-7　浸没式生物滤池

1. 布水装置　2. 滤料

(2)生物转盘　见图 4-8。由一串固定在轴上的圆盘状片组成，盘片之间有一间隔，盘片一半浸在水中，另一半露出水面。水和空气中的微生物附在盘片的表面上，结成一层生物膜，转动时，浸没在水中的盘片露出水面，盘片上的水由自重而沿着生物膜表面下流，空气中的氧通过吸收、混合、扩散、渗透等作用，随转盘转动而被带入水中，使水中溶氧增加，使生物膜中的微生物吸收和降解水中的有机物，水质得到净化。

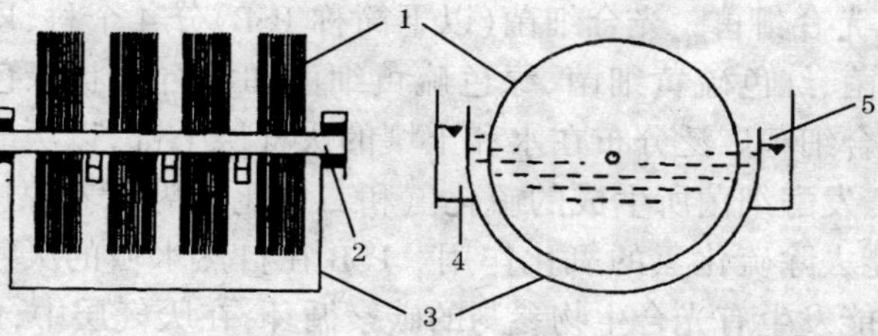

图 4-8　生物转盘示意图　（黄朝禧，2005）

1. 转盘　2. 转盘轴　3. 水槽　4. 进水　5. 出水

生物滤池和生物转盘的优点和缺点见表 4-3。

表 4-3　生物滤池和生物转盘的优、缺点

	优　点	缺　点
生物滤池	水流较通畅，过滤前后水头差小，水中溶氧供应充足，适于好氧性微生物的生长和繁殖。填料上布满微生物，其生物量大，降解有机物的能力强。脱氮、除磷效果明显。沉淀污泥少，易于管理，不散发臭气	占地面积较大。为防止老化的生物膜脱落后堵塞滤缝，污染环境，填料在运转过程中需经常反冲、及时排污
生物转盘	转盘本身可向水中增氧，故水中溶氧充足。生物膜绝大部分为好氧性微生物，很少形成厌氧层。有机物的负荷高。占地面积小	造价较高。技术要求较高，如不符合要求，则处理效果差。需要另加动力以驱动转盘，运转成本较高

（二）有益微生物净化技术

有益微生物是从天然环境中提取分离出来的微生物，经培养扩增后形成的含有大量有益菌的制剂。目前，常用的水质净化剂有光合细菌、枯草杆菌、芽孢杆菌及硝化细菌等。利用这些微生物将水体或底质沉淀物中的有机物、氨态氮、亚硝态氮分解吸收，转化为有益或无害物质，从而达到水质（底质）环境改良、净化的目的。

1. 光合细菌 光合细菌(以下简称 PSB)分 4 个科,即红色非硫黄细菌、红色硫黄细菌、绿色硫黄细菌和滑行丝状绿色硫黄细菌。光合细菌广泛分布在水和土壤的厌气层上部,以厌气的硫黄还原菌、发酵细菌所生成的硫化氢和二氧化碳为营养源进行光合生长,能去除硫化氢的氧化作用。PSB 在自然水域的厌气层和好气层都能发生有光合生物参与的碳素循环,在厌气层中,PSB 除参与碳素循环外,同时还参与硫黄循环。PSB 不仅能进行光合作用,也能进行呼吸、发酵或脱氮。PSB 还具有一些耐盐性的菌种,可以生长在海水中。

大量研究表明,光合细菌能促进养殖水体氮素循环,有效降低氨态氮和亚硝态氮的含量。丁爱中等(2000)在试验水体中加入光合细菌后,氨态氮含量明显减少,与对照池相比减少 80%以上。谷军(2002)在养鱼池塘中施用光合细菌后,水中的氨态氮平均降低 0.077 毫克/升,溶解氧提高 1.64 毫克/升,减少换水量达 30%。王彦波(2004)研究发现,光合细菌除了降解水体中氨态氮的能力十分显著,还可降低化学需氧量的含量,减轻水体中 pH 值的变化,如果与芽孢杆菌混合使用效果更好。

2. 硝化细菌 硝化细菌属于自营养性细菌,包括两种不同的代谢群体,亚硝化菌属及硝化杆菌属。它们都是好气性细菌,能在有氧的水中生长。首先,亚硝化菌属细菌把水中的氨离子氧化成为亚硝酸根离子,然后,硝化杆菌属细菌把水中的亚硝酸根离子氧化成为硝酸根离子,也就是把水中有毒的氨最终氧化成无毒的硝酸根离子,从而起到净化水质的作用。硝化细菌在自然界广泛存在,但因其繁殖时间长(约 20 小时 1 个繁殖周期)而限制了亚硝酸盐的降解。硝化宝和硝化素是纯硝化细菌制剂。其在降解毒性较大的亚硝酸盐的同时产生藻类可以利用的硝酸盐,促进藻类的生长和水质净化,缓解和治疗亚硝酸盐中毒症。

3. 芽孢杆菌 芽孢杆菌为芽孢菌属的种类,革兰氏染色阳性，是一类好气性细菌，能分泌蛋白酶等多种酶类和抗生素，抑制其他细菌的生长，进而减少水产养殖动物的病原体感染率。芽孢杆菌还可以分解并吸收水体及底泥中的蛋白质、淀粉、脂肪等有机物，以改善水质和底质，从而起到净化水质的作用。

4. 复合微生物制剂　复合微生物制剂是一类多菌种的微生物制剂。包括益生素和 EM 菌。益生素是一种能全面改善水质的微生物制剂。其主要成分有光合细菌、芽孢杆菌、枯草杆菌、硫化细菌、硝化细菌、反硝化细菌等多种微生物。能分解水中和池底的有机物，降解氨氮、亚硝酸盐、硫化氢等，改善池底的厌氧环境，抑制养殖水体中藻类过量繁殖，保持养殖水体的微生态平衡。益生素除含大量光合细菌外，还含大量非光合细菌。其除具有光合细菌的功效外，还利用非光合细菌如硫化菌、硝化菌、反硝化菌等将水体中有毒的亚硝酸盐转化为无毒的硝酸盐；反硝化细菌还利用池底的有机物为碳源，使池中的有机物转化为无毒的挥发性气体释放于大气中，减少池中的有机物和硝酸盐，防止水质的剧烈变化，减轻对养殖动物的影响。此类产品多为粉剂型活性菌，贮存和使用较方便。

EM（Effective Microorganisms）液是日本琉球大学比嘉照夫教授研制出的一种新型复合微生物菌剂。其主要成分有光合细菌、酵母菌、乳酸菌、放线菌及发酵性丝状真菌等 16 个属的 80 多个菌种。光合细菌与 EM 液中的其他菌类起到协同作用。EM 液喷于全熟化的颗粒饲料上，被水产养殖动物摄食后，能有效地降低有害物质的产生。

微生物制剂在改善底质、净化水质、抑制有害病原微生物和蓝藻发生、增强鱼体免疫力方面有明显的作用，使用微生物制剂是保证鱼类健康养殖的措施之一。但使用微生物制剂也必须注意方法和条件，如使用微生物制剂的 1～2 天内，不要使用广谱抗生素或杀菌剂，若必须使用，则应在用药后，待药性下降时使用微生物制剂；对光合细菌来说，光照是不可缺乏的条件，因此首先设法改善水体光照条件，使用效果才有保证；而芽孢杆菌是好氧菌，因此使用时要注意水体溶氧条件，若溶氧不足，不但起不到应有效果，还会造成水体进一步缺氧，引起浮头等问题。此外，微生物制剂使用前进行适当的活化处理，对提高使用效果较有帮助。

（三）人工湿地净化技术

人工湿地是由人工建造和监督控制，充分利用湿地系统净化污水能力的特点，利用生态中的物理、化学和生物的三重协同作用，通过过滤、吸附、沉淀、离子交换、植物吸收和微生物分解来实现对污水的高效净化，也就是由人工基质和生长在其上的水生植物、微生物组成的一个独特的土壤-植物-微生物生态系统，用以净化养殖废水。人工湿地基质主要由土壤、砂和卵石等组成。其净化功能主要是依靠植物根系的吸收、转化、降解和生物合成作用，细菌、真菌和放线菌等微生物的降解、转化和生物的固定化作用，有机、无机胶体及其复合体的吸收、络合和沉淀作用，离子交换作用，机械阻留作用，气体扩散作用完成。人工湿地基质中的微生物种群在人工湿地净化污水过程中起着极其重要的作用，主要的生物化学反应大多是在微生物和酶的作用下进行。人工湿地中的水生植物的茎叶和根系可以过滤、截留污水中的悬浮物。同时，也能够通过从废水中吸收营养物质作为自身生长所需的营养源而去除污染物。人工湿地根据湿地中主要植物类别可分为浮生植物系统、挺水植物系统和沉水植物系统；根据水流的形式可分为自由表面流湿地、潜流人工湿地和垂直流人工湿地。

思考题

1. 为什么说“养鱼先养水”？
2. 水质管理包括哪些过程？常用的方法有哪些？

3. 微生物制剂有何作用？使用时应注意什么？

4. 应用化学方法处理和改善水质有什么优、缺点？应用时应注意什么？

第五章 鱼种放养和投喂管理

我国水产工作者根据养殖生态学原理，结合养殖生产实践经验，将我国水产综合养殖生产技术总结为“水、种、饵、密、混、轮、防、管”这八个字，被称为“八字精养法”。其中，水、种、饵为养鱼的物质基础，密、混、轮为养殖技术措施，防、管为管理措施。水作为鱼类的生活场所，对养殖至关重要，如何调控前面已有讲述。而种、饵作为养鱼的另 2 个重要的物质基础，如何做好鱼种管理和饲养管理，保证充足、健康优良、合乎养殖要求规格的鱼种供应和适时放养，提供充足而又满足鱼类生长营养需要的饲料，保障鱼类充分摄食，同样关系到养殖产量和效益目标的实现与否。

一、鱼种管理

优良的鱼种在饲养中成活率高、生长快，是养殖获得高产的前提条件之一。养殖中对鱼种的要求是数量充足、规格合适、种类齐全、体质健壮、无病无伤。

(一)保证鱼种来源

池塘养鱼所需的鱼种最好由本单位自己生产，这样各种鱼的数量和规格才能满足本单位生产的需要，质量也能得到保证，而且可以降低成本。鱼种的供应主要有以下 2 种途径。

1. 自供鱼种

(1)鱼种池专门培养　近 20 年来，食用鱼养殖池塘鱼种放养量一直居高不下，如单靠鱼种池培育鱼种，鱼种池面积将扩大许多，势必影响到食用鱼养殖池面积的扩大。因此，鱼种池主要提供

1龄鱼种。

(2)食用鱼池套养　在食用鱼池中放养大、中、小三档规格(如草鱼、青鱼)或大、小二档规格(如鲢、鳙、鲤、鲫、团头鲂等),在年中捕出部分食用鱼后放养草鱼、鲢、鳙、鲫等夏花,其中大规格鱼种养成食用鱼上市;中、小规格鱼种则相应长成大、中规格鱼种,供翌年放养用;套养的夏花因种类或密度不同而长成不同规格的鱼种供翌年放养。一般年底出塘的鱼种,数量应等于或略多于翌年该池大规格鱼种的放养量,如不足则由鱼种池或其他食用鱼池调剂。食用鱼池产量中有80%左右当年可达上市规格,20%左右为翌年放养的大规格鱼种。这些鱼种基本上能满足食用鱼池翌年放养的需要。食用鱼池套养鱼种可节约不少鱼种池面积,既可增加食用鱼养殖面积,又能发掘食用鱼池的生产潜力,提高鱼种(特别是1龄草鱼、2龄青鱼)的成活率,节省劳力和资金。除上述2种方式以外,有条件的地区还可利用稻田或其他水体培育草鱼、鲂、鳊、鲫等鱼种。

2. 外购鱼种　如果本单位生产的鱼种不能满足生产的需要,常需从外地购进鱼种作为补充。此时一定要严格执行鱼种检疫制度,杜绝病原微生物随鱼种带入。以往有些鱼病暴发主要就是因为检疫不力造成的。鱼种进入食用鱼池前应进行浸浴消毒与免疫。鱼种下塘前用3%~4%的食盐水浸泡10~15分钟,或者用其他消毒药液浸浴消毒,草鱼、青鱼种还要注射疫苗,一般剂量是,20厘米以下的鱼种注射稀释好的出血病灭活疫苗0.3毫升,20厘米以上的鱼种注射0.5毫升,在腹鳍或胸鳍基部注射,将疫苗注入鱼的体腔或腹腔。也可采用浸泡免疫,但效果不如注射免疫好。

计算鱼类鱼种的需要量不仅要考虑当年食用鱼放养的需要,还要为接下来2年食用鱼池所需的鱼种做好准备。鱼种需求量可按下列公式计算:

某种鱼类鱼种放养量(尾)=食用鱼池中该种鱼类的产量÷

(该种鱼的平均出塘规格×该种鱼的成活率)

某种夏花放养量(尾)=该种鱼种需要量(尾)÷该鱼种成活率

某种鱼类鱼苗需要量(尾)=该种鱼类夏花需要量(尾)÷该鱼苗成活率

对于某些鱼种生产不稳定、成活率和产量波动范围较大的鱼类(如团头鲂、草鱼),按上述公式计算后,还应再增加25%的系数,以此指导鱼种生产计划的制定。

(二)保障鱼种质量

1. 选择遗传性状优良的鱼种 遗传性状是指由遗传基因所决定的鱼类在生长、繁殖和抗病能力等方面的性状。例如,长江水系鲢、鳙的生长速度要比珠江鲢、鳙快5%~10%,而珠江又比黑龙江的快。另外,天然繁殖的鲢、鳙的生长速度比人工繁殖的快5%~10%。选择遗传性状优良的鱼种,是养殖高产高效的内在保证。判定鱼种是否具有遗传优势,可以根据本人或他人经验,结合鱼种亲本来源、鱼种、繁殖场规模和管理水平等综合考虑。

2. 选择体质健壮的鱼种 体质健壮的鱼种肉质丰满,背宽体厚,鳞片完整,色泽鲜明,体无损伤,游泳活泼,逆水性好,外无病症,内无寄生虫,大小均匀。此外,在一种饲养方式下育成的鱼种,转到另一种方式饲养时常不适应,应采取措施保证其在生态上的健全性。例如,湖泊水库放养的大规格鱼种,由于在池塘里生长时间长,已适应了小水体、高密度的水环境,而不适应大水面环境。投放小规格鱼种或库湾和网箱培育的鱼种可以解决这个问题。

3. 选择规格适宜的鱼种 鱼种规格决定养成规格和养殖周期,放养规格应根据食用鱼池放养的要求和养殖周期确定。通常选择当年鱼种的规格应大些,而隔年鱼种的规格相应偏小,这是获得高产的措施之一。但由于各种鱼的生长性能、各地的气候条件和饲养方法不同,鱼类的生长速度不一,加之各地消费者的习惯不同而引起上市规格有差异。因此,不同地区鱼种放养的规格也不相同。例如,青鱼市场要求的最低规格为2.5千克,则需放养规格达到0.5~1千克的2龄或3龄鱼种;鲢、鳙的上市规格为0.75~1千克,则需放养100~150克的1龄大规格鱼种,为了使鲢、鳙均衡上市,要求上半年就有0.75千克以上的成鱼上市,可将1龄、2龄鲢、鳙套养,使其第二年达到特大规格(0.25~0.45千克)鱼种,供第三年鲢、鳙放养用。

(三)确定鱼种的适宜放养时间

1. 池塘放养时间 提早放养鱼种也是争取高产的技术措施之一。长江以南地区一般在春节前后放养完毕;华北、东北和西北地区则可在解冻后,水温稳定在5℃~6℃时放养。在水温较低的季节放养具有以下优点:鱼类活动弱,易于捕捞,在捕捞和放养操作过程中鱼体不易受伤,减少饲养期间的发病率和死亡率;提早放养还可以提早开食,使鱼类的生长期加长。近年来,北方条件较好的池塘已将鱼种的春季放养改为秋季放养,鱼种成活率明显提高。鱼种放养须在晴天进行,严寒、风雪天气不能放养,以免鱼种在捕捞和运输途中冻伤。

2. 湖泊水库放养时间 长江中下游以冬末至春初放养为好,华北、东北地区宜在冰封期前投放。冬放的优点:①水温低鱼种活动力弱,便于捕捞和运输,损伤少,成活率高。②凶猛鱼类摄食强度较低,对鱼类危害较小,待凶猛鱼类开春后积极觅食时,鱼种对大水面已经过一段时间的适应,活动力强,逃避力亦强。③鱼种较早适应环境,开春后即可旺盛地摄食生长,相对延长了生长期。④我国水库、湖泊冬季一般为枯水季节,水位低而稳定,排泄水少,鱼种逃逸的机会少。⑤我国水库、湖泊一般都在冬季进行大捕捞,冬季大捕捞后再投放鱼种,腾出水体空间、减少饵料的竞争。⑥减少鱼池越冬管理。

此外，对于某些越冬条件差，鱼种投放后成活率低的水域可推迟放养，冬涸湖泊或冬季较浅的湖泊，可等到水位回升后再投放。水库凶猛鱼类较少的，秋季洪水期过后投放鱼种也有较好的效果。总而言之，要因地制宜，灵活掌握。

3. 工厂化养殖放养时间　由于可以对温度进行有效控制，工厂化养殖的鱼种放养时间没有严格限制，一般根据食用鱼上市时间及鱼种配套情况确定。

二、饵料投喂

（一）保证饵料供应

养鱼饲料常可分为天然饵料和人工饲料。天然饵料指的是江河、湖泊、水库、池塘等一切水体中天然繁殖生长的各种饵料生物，如浮游植物、浮游动物、底栖动物、水生和陆生昆虫及其幼虫，以及各种水生、陆生植物、小型鱼虾等。它们或是鱼类终生喜食的食物，或是鱼类某一阶段（主要是苗种阶段）必需的食物，或是某些食性独特、难以驯化转食的鱼类必需的食物。利用天然饵料养鱼具有鱼类喜食、养殖效果好、成本低的优点，但也存在饵料来源有限、供应不稳定的问题，无法满足高密度、规模化养鱼生产对饲料的需求。人工饲料指的是人为选择用来养鱼的饲料，主要是一些农副产品原料饲料及加工饲料，包括商品饲料和配合饲料，是目前集约化养殖的主要饲料来源，具有来源相对充足，可以保证供应的优点，人工配合全价饲料还有营养全面的优点。

1. 天然饵料的来源和配套供应　天然饵料是鱼类的优良饲料，主要包括：浮游动植物，如小球藻、轮虫、枝角类、桡足类等，是绝大多数鱼类鱼苗阶段的饵料，更是鲢、鳙、罗非鱼等滤食性鱼类终生的摄食对象；水草和旱草，如苦草、轮叶黑藻、眼子菜、苏丹草、黑麦草、苦荬菜等，是草食性鱼类草鱼、鲂和团头鲂喜食的食物；大型底栖动物，如虾、螺、蚌、摇蚊幼虫及水蚯蚓等，是肉食性和杂食性鱼类青鱼、鲤、鲫等喜好的食物；野杂鱼类和一些小型经济鱼类，如麦穗鱼、鳑鲏、鲮、鲫等，是鳜、鲇、鳡等凶猛肉食性鱼类的良好饵料。

浮游生物、水草、底栖动物等常在成鱼养殖池内培育；如浮游生物的培育通过合理施肥可以达到目的，但要定向培育特定种类的浮游植物和浮游动物较为困难。水蚯蚓和摇蚊幼虫的培育也较为容易，但要达到一定的产量，还是较为困难。蚯蚓、蝇蛆和黄粉虫的人工培育也已成功，但远不能满足鱼类大规模生产所需，适合高档鱼类小规模养殖，如黄鳝。栽种水草，可以满足一部分鱼类或某一阶段需要，但同样不能满足整个养殖阶段的需要。在池塘中放养一些螺类，让其自然繁殖，或专池培育福寿螺等，可以较好或部分解决青鱼的饲料供应。

旱草则在池塘周围旱地或池埂根据季节配套种植，一般每667平方米池塘配套667平方米青饲料生产基地可产鲜草食性鱼类500千克，同时可附带产出滤食性和杂食性鱼类150千克。但存在劳动量大、需用地面积大的问题。

饲养凶猛肉食性鱼类时常需要配套设置饵料鱼池。以鳜鱼成鱼饲养为例，饵料鱼池配套比例为4:1左右，即667平方米精养鳜鱼池需2 668平方米饵料鱼池配套，这样可以保证饵料鱼的供给。饵料鱼品种一般选用露斯塔野鲮、银鲫、白鲫等。早期(5～6月份)以本地繁殖鲫鱼苗种为饵料鱼，中期(7～9月份)以鲮鱼作饵料鱼，后期仍以鲫鱼作饵料鱼。所投饵料鱼体长为鳜鱼体长的1/3～1/2，这样的饵料鱼比较适口。饵料鱼池茬口安排一般50%面积放养鲫鱼苗，至7月份前后停止拉捕鲫，剩余鲫鱼继续饲养至9月份再捕捞作饵料鱼，50%面积是利用青虾养殖前季空闲池养殖露斯塔野鲮。

2. 人工饲料的选择 鱼类饲料由蛋白质、碳水化合物(糖类)、脂肪、维生素及矿物质 5 大营养素组成。商品饲料又按其主要营养成分分为蛋白质饲料、能量饲料及矿物质饲料。配合饲料则是根据鱼类营养需要,将各种营养素合理配置,营养较为全面的人工饲料。各类饲料的主要来源和营养特点如下所述。

(1)蛋白质饲料　蛋白质饲料是指饲料干物质中粗纤维含量<18%,粗蛋白质含量>20%的饲料。其特点是高蛋白、低糖类。蛋白质饲料是鱼类饲料中的一种重要成分,在配合饲料配方中用量一般在 40%以上,最高可达 80%。蛋白质饲料按来源主要分为植物性蛋白饲料和动物性蛋白饲料。

①植物性蛋白饲料:主要是一些农副产品,尤以大豆及各种饼、粕使用较多。

大豆为榨油原料,喂鱼时多用黄豆,常磨成浆喂苗种,效果较好。其营养较全面,仅甲硫氨酸和蛋氨酸含量较少,最好与禾本科谷实(玉米、麦等)饲料混合投喂。

大豆饼(粕)是大豆压榨提油后的副产品,其粗蛋白质含量>40%,为饼类中最高;此外钙含量为 0.45%;磷含量为 0.78%,高于禾本科谷实类。

棉籽(仁)及棉籽饼(粕)是产棉区重要的蛋白质饲料来源,其蛋白质生物学效价仅次于大豆饼,不足之处是缺乏胡萝卜素和钙,适口性较豆饼差。

花生饼是花生榨油后的副产品,味香甜,适口性好。饲喂前需要进行热处理以除去黄曲霉素。

菜籽饼(粕)是菜籽榨油后的副产品。粗蛋白质含量 36.18%,粗脂肪含量 6.54%,但其还含多种毒素,如芥子苷可使畜禽肠道、肾、尿道发炎,有辣味,适口性不好。"双低"油菜饼养鱼效果较好。

酒糟是虾、蟹类的适口饲料。新鲜啤酒糟可直接喂鱼,诱捕青虾效果较好。

菌体蛋白是指以工业发酵方法生产出的富含蛋白质的菌体，如酵母菌。据报道，黄海水产研究所用酒精废液培养出假丝酵母作配合饲料的蛋白源，喂鱼效果与秘鲁鱼粉相同。

②动物性蛋白质饲料：主要包括鱼粉、肉粉、骨肉粉、蚕蛹、羽毛粉和血粉等。

鱼粉是优质蛋白质饲料。由经济价值较低的低值鱼或鱼产品加工副产品制成，是鱼类最好的饲料。其质量取决于生产原料及加工方法。一般粗蛋白质含量在55%～65%，生物学效价高；可消化粗蛋白质达50%～60%，富含多种维生素；粗脂肪5%～10%，矿物质15%～19%。按来源不同分进口鱼粉和国产鱼粉；按加工原料差异分粗鱼粉和全鱼粉以及红鱼粉和白鱼粉。

粗鱼粉由鱼产品加工废弃物（鱼骨、鱼皮、鱼头、鱼内脏等）为原料生产，粗蛋白质含量较低而粗灰分含量较高。全鱼粉系采用湿法加工工艺制成，该工艺能耗低、鱼粉获得率高，生产的鱼粉除臭彻底，品质好。

红鱼粉主要以沙丁鱼、秋刀鱼、太平洋鲱等鱼为原料加工而成，呈褐色，粗蛋白质含量40%～60%，粗脂肪含量10%～13%，富含不饱和脂肪酸。白鱼粉主要以鲽、鳕、狭鳕等为原料加工而成，呈淡黄色，粗蛋白质含量65%～70%，粗脂肪含量为2%～6%，质量较好。目前国产鱼粉质量低于进口鱼粉，进口鱼粉多来自秘鲁和智利。

肉粉、肉骨粉为肉类加工废弃物中的非变质废弃肉、纤维蛋白和少量骨头（<10%）经加工（脱脂）而成的副产品，一般呈灰黄色或深棕色。肉粉蛋白质含量高、灰分含量低，骨肉粉则相反。

蚕蛹为缫丝工业副产品。新鲜蚕蛹脂肪含量高而易变质，不易存放，一般通过烘干制成干制蚕蛹。粗蛋白质含量55%～62%，粗蛋白质消化率80%以上，粗脂肪约6.7%，矿物质3.6%。

长期喂蚕蛹会对鱼的风味产生不利影响，故配方中蚕蛹用量应小于10%，并于起捕前半个月停喂蚕蛹。

羽毛粉由家禽羽毛（杂毛）经高压蒸煮、干燥、粉碎而成，粗蛋白质含量81.4%，粗脂肪含量0.08%，钙含量0.49%。若将蛋白质水解成为复合氨基酸饲料，效果更好。

血粉由家畜血液干燥粉碎制成，粗蛋白质含量83.4%，粗脂肪约3%，矿物质6.4%，还富含烟酸、维生素B_2。一般作为蛋白质补充饲料。

（2）能量饲料　干物质中粗纤维含量>18%、粗蛋白质含量<20%的一类饲料，如谷实类，一般主要成分为可消化糖类（淀粉）以及含能极高的食用油脂。该类饲料蛋白质含量低，主要起提供能量的作用。

鱼类饲料的特点是高蛋白质、低能量，故能量饲料在配合饲料中用量较小，但是仅次于蛋白质饲料，一般占10%~45%。肉食性鱼类能量饲料用量较少，而草、杂食性鱼类用量较多。

（3）矿物质饲料　作用是提高鱼类对碳水化合物的利用率，提供代谢中不可缺少的矿物质元素。例如，添加贝壳粉、骨粉、食盐，可促进鱼体骨骼生长、提高食欲、加速生长。使用中应注意矿物质元素的平衡，特别是钙、磷、氯、钠的含量。

（4）配合饲料　配合饲料是指通过对鱼类营养需要的研究，根据鱼类不同种类及不同生长阶段对各种营养物质的需要，将多种饲料原料按科学比例均匀混合，并加工成一定形状的饲料产品。配方科学合理，营养全面，完全符合鱼类生长需要的配合饲料称为全价配合饲料。例如鲤、草鱼全价配合饲料。按形状差异可将配合饲料分成粉状饲料、颗粒饲料和微粒饲料3类。

①粉状饲料：将各种原料粉碎到一定程度，按配方比例充分混合后进行包装，同时加适量水和油充分搅拌，形成具有强黏性和弹性的团块状饲料，在水中不易溶散，适于鳗等摄食。

②颗粒饲料：呈短棒状，粒径根据所喂鱼虾大小而定，一般鱼料2~8毫米、虾料0.5~2.5毫米，长度为直径的1~2倍。按加工方法和成品性状又分为软颗粒饲料、硬颗粒饲料和膨化(发泡)饲料3类(见表5-1)。

表5-1　三种类型颗粒饲料的比较

类　型	含水率(%)	比重(克/厘米^3)	性　状	养殖对象
软颗粒饲料	25~30	1	质地松软，水中稳定性差，营养成分未被破坏	四大家鱼、鲤、鲫、鳊、罗非鱼
硬颗粒饲料	≤12	1~3 沉性	蒸汽调制，结构细密，水中稳定性好，营养成分不易散失	鲤科鱼类、鲑鳟鱼类、鲇、罗非鱼
膨化饲料	6	<1 浮性	要求淀粉30%以上，脂肪<6%，结构疏松，结粒牢固	观赏鱼(日本) 草鱼、鳊(中国)

③微粒饲料：供饲养仔、稚鱼用，也供滤食性鱼成鱼养殖用。

3. 投饲技术　合理使用饲料，可降低生产成本，提高经济效益。若投饲不当，即使是营养平衡的饲料也会造成浪费，增加成本。生产上一般坚持"四定"(即定时、定点、定质、定量)投喂。

(1)影响投饲率的因素　投饲率指投给水体中鱼的饲料占鱼体重的百分数，受饲料质量、鱼的种类、鱼体大小、鱼本身潜在的生长能力、水温、溶氧、水质等因素影响，其中溶氧、水温、个体大小是主要影响因子。

①溶氧：鱼类在溶氧高的水体中摄食旺盛、消化率高、生长快、饲料效率高。

②水温：鱼类是变温动物，水温变化影响其新陈代谢强度，因此影响摄食。例如，罗非鱼在30℃时的最大摄食率为6.7%，20℃

时的最大摄食率为4.67%,温度每变化1℃,摄食率变化0.45%。

③体重:幼鱼生长快、代谢旺盛、营养需要量更大。例如,鲤的饲料消耗与体重呈负相关。

④种类:不同鱼类的潜在生长能力、最适生长所需营养要求不同,投饲率也有所不同。例如,草鱼鱼种在23.6℃~29℃时的投饲率为5%~9%;鲮鱼种在30.8℃±1.2℃时的投饲率约为2%。

(2)投喂方式　常见的投喂方式有人工手撒、饲料台和投喂机械投喂3种方式。

①人工手撒:可根据鱼体大小、摄食情况采用遍撒、定点撒等方法。优点是投喂有效率(饲料利用率)最高,可观察鱼类活动,及时发现鱼类异常活动。缺点是费工费时。

②饲料台投喂:饲料台有沉水性、浮性、半浮性和悬浮性4种。优点是较省工,但饲料利用率较低。

③投饵机械投喂:投饵机有手动、鱼动、自动3种。利用投饵机投喂省工省时,但能耗大,工艺要求高。

(3)投喂量　确定好投喂量是投喂技术的关键环节,主要包括3个方面的内容。一是根据季节变化和鱼的生长阶段,合理制订全年投喂量;二是参考有关研究得出的投喂率表及修正方法确定鱼的日投喂量;三是从鱼的生理生态方面着手,制订出相应的投饲率表及修正方法。

(4)投喂次数　取决于鱼的种类、年龄、水温、饲料性质及劳动安排等。例如,鲤科鱼类属“无胃鱼”,食物经食管直接进入肠道而被消化吸收,需要连续多次投喂。鲤在27℃~32℃时每天喂8次生长最快,但过于费工,故一般每天喂5次。又如,幼鱼消化道短、代谢旺盛、生长快,投喂次数应多。虹鳟仔鱼白天每隔1小时喂1次,1昼夜喂12~16次效果好。一般在生长适温里,水温升高投喂次数增加。鲤喂配合饲料时每天5次,而喂水蚯蚓则每天3次最好。

(5)投喂时间　根据投喂次数确定。若1天喂2次,则9时和14时各喂1次;若1天喂3次,则8时、13时和18时各喂1次。水温较高时末次投喂时间不能太晚,以防缺氧浮头。

(6)驯食技术　鱼类的驯食包括2个方面,一是摄食习惯的驯化,即通过建立条件反射使鱼类定时、定位摄食;二是食性转换的驯化,即令鱼类从摄食一类食物转向摄食另一类食物,尤其是从摄食天然饵料转向摄食配合饲料。

①摄食习惯的驯化:此过程一般在鱼种入池或进入网箱后进行,成鱼阶段也可完成。养殖对象主要是草鱼、鲤、鲫、鲂、罗非鱼、淡水白鲳等吃食性鱼类。具体方法是:先在鱼池合适的位置设置饵料台,鱼种下塘后2~3天开始驯化。在投饵前先给予鱼类特殊的刺激(一般是声音信号),然后撒一小把饲料;十几秒后再次发出信号,再撒一把饲料;如此反复进行,直到鱼受到信号刺激后便集中到饵料台附近抢食为止。随着驯化的深入,投饵范围可以逐渐缩小,并可让鱼在规定的时间内完成抢食,可以提高饲料的利用率,同时可以防止水质恶化。

②食性转换的驯化:鱼类从一种食物转向摄食另一种食物,特别是由天然饵料转化为配合饲料是鱼类在生理和行为上的较大转变,如果不经过驯食,则对鱼类的摄食和生长影响很大。驯食过程是一个技术性较强的工作,必须注意鱼类驯食的适宜规格,过早鱼类营养贮存较少,一旦不能适应,耗时过久,鱼类死亡率高;过晚则驯食较为困难,影响驯食效果。因此,一般要在鱼类生活早期进行,特别是让凶猛肉食性鱼类转食配合饲料时,要抓住苗种阶段食性较杂这个有利时机完成驯食,具体可根据鱼苗的耐饥能力等确定。驯食前可以让鱼类先饥饿2~3天。驯食用的饲料要适口并有好的口感,必要时可添加诱食剂。饲料粒径根据鱼类的食性和个体大小来确定。例如,乌鳢在体长5~6厘米时,配合饲料直径为2~4毫米;体长8~10厘米时,配合饲料直径为5~8毫米;体

长15厘米以上时,配合饲料直径为10毫米。开始驯食时以动物性饵料为主,以后逐渐增加配合饲料的量,直到完全转食配合饲料。此外,驯食时还应注意调节水质,因为较高的溶氧量能促进鱼类摄食。

(二)施　肥

通过施肥可以增加水体中氮、磷、钾等营养源,促进细菌、浮游生物等鱼类天然饵料的生长繁殖,从而提高鱼产量。

1. 肥料的种类

(1)有机肥料　有机肥料营养全面,肥效持久,需在水中细菌作用下发酵分解成无机物方能促进浮游生物生长。因其消耗水体中的溶氧,故应防止缺氧。一般包括绿肥和粪肥2类。绿肥系采用天然生长的各种野生植物或者人工栽培的植物,经简单加工或不加工而作为肥料。粪肥包括人畜粪尿、禽粪、蚕粪等,发酵后使用效果更好,也可减少水体污染。注意粪肥发酵前应使用1%~2%生石灰消毒。

(2)无机肥料　一般为化学肥料。其肥效快、污染轻、用量少、使用方便。依其成分分为氮肥、磷肥、钾肥、钙肥等;依化学反应可分为化学酸性肥料(如过磷酸钙)、化学中性肥料(如磷酸铵)和化学碱性肥料(如硝酸钠);按生理反应亦可分为生理酸性(如硫酸铵)、生理中性(如磷酸铵)和生理碱性肥料(如硝酸钠)。

氮肥是主要肥料种类之一。使用后浮游植物很快能繁殖起来,水体呈绿色。常见的有铵态氮肥,包括硫酸铵、碳酸氢铵、氨水、氯化铵等。铵态氮肥易被浮游植物吸收,但施用时要注意水体pH值,在温度较高、水质偏碱的情况下,应该注意施用量,避免产生氨毒害现象;硝态氮肥有硝酸铵和硫硝酸铵等;酰胺态氮肥主要是尿素,尿素具有有效肥分高(达46%)、性质稳定、肥效长、使用安全的特点,适宜在高温季节施用。

磷肥也是主要肥料之一。常用的有过磷酸钙和重过磷酸钙，这2种磷肥特别是过磷酸钙有效磷养分低，溶解性差，而且易受生产工艺影响，肥分也不稳定，使用时要注意用量和施用方法；较好的磷肥有磷酸氢钙和磷酸二氢钙等，肥分高，使用量小，效果好，但成本高。在鱼类生长旺季，一是鱼类摄食旺盛，对浮游植物消耗大，同时浮游植物代谢旺盛，对磷需要量大；二是施用的磷酸根离子很容易为悬浮物吸附沉淀，被底泥吸收固定，故其肥效只能持续几天，需要及时补充。

钾肥在水体中一般不缺，缺时常用硫酸钾、氯化钾和草木灰等。

钙肥常用生石灰。经常施用生石灰，不仅起到施肥作用，还可以起到杀菌消毒、缓冲酸碱度的作用。

(3)复合肥　浮游植物不仅对无机肥分利用较好，同时可以利用一些小分子有机物质，如氨基酸、维生素、有机酸等，促进其繁殖生长。将有机物经过发酵等处理后，其产物中含有大量的小分子有机物质以及有益的微生物和其分泌的酶类，将其与无机肥料复配，不仅可以提高养分和肥效，对藻类生长有益，还可利用有益微生物和其分泌的酶的作用，分解底泥中的有机质，促进物质良性循环，同时减轻水体污染。这种复合肥是新近开发的肥料，首先在养虾塘中应用，现已普遍应用在一般的施肥养鱼水体。使用量可根据生产厂家提供的参考量，结合水体状况灵活掌握。

2. 肥料的施用量　施肥的目的主要是增加水体中的营养成分，即通常所说的调节水体肥度。通过施肥使水体中有丰富的天然饵料，保持池水"肥、活、嫩、爽"是水质管理的外观指标，水肥通常是养鱼高产、稳产的重要措施之一。

(1)全年施肥量的估算　根据鱼池条件、饲养条件、放养模式、产量指标和技术水平等来估算全年施肥量。传统鲤科鱼类养殖中，生产1千克草鱼、青鱼、鲤、鲫、鲂等可以增产0.4～0.6千克鲢、鳙,施用40~50千克有机肥料(主要是粪肥)可生产0.5千克鲢、鳙,按上述标准来估算施肥量。

例:某鱼池中计划每667平方米产鱼500千克,其中草鱼、青鱼、鲤、鲫等占40%,其余产量为鲢、鳙等滤食性鱼类,取1千克草鱼等带养鲢、鳙0.5千克,施肥50千克生产鲢、鳙0.5千克,试估算全年施肥量。

解:草鱼、青鱼等的产量为每667平方米 $500 \times 40\% = 200$ 千克,

鲢、鳙的产量为每667平方米 $500 \times 60\% = 300$ 千克,

产草鱼、青鱼等200千克可带养鲢、鳙 $200 \times 0.5 = 100$ 千克,

则需施肥饲养鲢、鳙的量为 $300 - 100 = 200$ 千克,

所以每667平方米施肥量为 $200 \times 50/0.5 = 20\,000$ 千克。

需要指出的是,实际生产中施肥量多少应据鱼池具体肥瘦条件而定,上述估算方法仅供参考,生产上要灵活运用。

近年来以配合饲料为主、施肥为辅,每667平方米产500千克高产鱼池一般投喂配合饲料1000~1200千克和青饲料2000千克左右,同时需要有机肥料1500~2000千克,在鱼类生长旺季6~9月份,可适量施用无机磷肥和钙肥调节水体肥度。

(2)全年施肥量的分配　可按月进行分配,具体见表5-2。

表5-2　按月施肥量的分配比例　(%)

月　份	1~3	4	5	6	7	8	9	10	11
分配比例	30	20	18	7	5	5	7	6	2

注:12月份起鱼,不投放肥料

3. 有机肥料的施用方法　有机肥料中含有一定量的半消化的有机物质,其中的有机碎屑可供鱼类直接利用。主养鲢、鳙的鱼池要施肥,主养青鱼、草鱼、鲫、罗非鱼的鱼池合理施肥也很必要。

有机肥施用可分基肥和追肥2种。

(1)基肥　作用是改善底泥的营养状况,增加鱼池的营养盐类,以利于天然饵料的增殖。尤其是底质瘦瘠或新挖鱼池都应在放养前施足基肥。一般每 667 平方米施粪肥 500 ~ 1 000 千克,肥水塘或老塘可少施。基肥在鱼池进水放鱼之前施用。基肥堆放在鱼池向阳一边的浅水处,隔 2 ~ 3 天翻动 1 次,使肥料充分腐熟、发酵、分解。水温较高的夏季,绿肥腐熟一般需经 10 天左右,不易腐烂的粗根老茎需要捞出。

(2)追肥　作用是适时补充营养物质。追肥数量和时间应根据季节、水色、透明度等情况而定。一次施肥量不宜过多,尤其是夏季,以防止污染水体,造成缺氧。一般水质肥度适宜的鱼池透明度在 25 ~ 40 厘米,大于 40 厘米则水较瘦,需要追肥;小于 25 厘米时水质过肥,应加清水调低肥度。

每次施肥量随池水肥瘦、水温高低、养殖方式、饲料种类及天气情况而定。通常夏秋高温时少量施肥;滤食性鱼类鲢、鳙较主养吃食性鱼类施肥量大;天气晴朗正常施肥,雷雨、闷热天气少施或不施。具体追肥量每 667 平方米 100 ~ 200 千克不等。

4. 无机肥料的施用方法

(1)施肥量　无机肥料用量应根据鱼池土壤、水质特点和肥料的理化性质互相配合使用。一般氮(N)、磷(P_2O_5)、钾(K_2O)的施用比例为 2∶2∶1。

例:每 667 平方米无机肥料施用量 7 千克,其中,氮肥为含 N 量 20% 的硫酸铵,磷肥为含 P_2O_5 17% 的过磷酸钙,钾肥为含 K_2O 33% 的硫酸钾,试计算各种肥料的用量。

解:因所需有效氮、磷、钾的份数为 2 份、2 份、1 份,则可计算得出 3 种肥料的份数:

2 份氮——需硫酸铵 2 ÷ 20% = 10 份

2 份磷——需过磷酸钙 2 ÷ 17% = 11.8 份

1 份钾——需硫酸钾 1 ÷ 33% = 3.03 份

合计 24.83 份

则每 667 平方米施肥量硫酸铵为 7×10/24.83 = 2.8 千克

过磷酸钙为 7×11.8/24.83 = 3.3 千克

硫酸钾为 7×3.03/24.83 = 0.9 千克

(2)施用方式　无机肥料一般经水溶解后全池泼洒。

磷常为水体中营养的限制因子，尤其是 6～9 月份生长旺季易缺氮，应适时补充磷肥。6 月份开始施用磷肥(主要是过磷酸钙)，每月 1～2 次，每 667 平方米施 8 千克左右。

施用生石灰调节 pH 值至 7～8，可起到防病和稳定水质的作用。6～9 月份鱼类排泄量大，每 667 平方米可施生石灰 40～50 千克。

5. 有机肥料和无机肥料的配合施用　二者同时或交替施用，取长补短，可节约肥料用量。一般先施有机肥作基肥，奠定鱼池的肥力基础，再按水质肥瘦实行有机肥和无机肥在种类和数量上的搭配，适时施肥。

6. 混合施肥方法　不同种类肥料的成分不同，肥效亦不同，几种肥料合理混合可以使肥效更加显著。但是混合不当也可能降低肥效甚至产生毒副作用。

混合施肥的原则是：混合后不影响肥料有效成分的稳定性；混合后不产生毒害鱼类、破坏水质的有害物质，如硫化氢、氨气、偏磷酸等；混合使用后应优、缺点互补，能增进肥效。

(1)常见混合施肥和混合禁忌　根据混合施肥原则，将常见的混合施肥和混合禁忌列入表 5-3。

表 5-3　常见混合施肥和混合禁忌

肥料名称	堆肥 厩肥	石灰 草木灰	人粪 尿	硫酸 钾	钙镁 磷肥	过磷 酸钙	石灰 氮	硝酸 铵	尿素	碳酸铵 氨水
硫酸铵	○	×	○	√	×	√	×	√	√	○

续表 5-3

肥料名称	堆肥厩肥	石灰草木灰	人粪尿	硫酸钾	钙镁磷肥	过磷酸钙	石灰氮	硝酸铵	尿素	碳酸铵氨水
碳酸铵氨水	×	×	○	√	×	√	×	√	√	
尿　素	○	×	√	√	○	√	○	√		
硝酸铵	×	×	○	√	×	√	×			
石灰氮	√	√	×	○	√	×				
过磷酸钙	√	×	√	√	×					
钙镁磷肥	√	×	×	√						
硫酸钾	√	√	√							
人粪尿	√	×								
石灰草木灰	√									

注:表中"√"表示可混合使用;"×"表示不可混合使用;"○"表示虽混合使用,但不可久存

混合施肥前应注意肥料的理化性质、混合后产生的效应,参照混合施肥原则进行。如过磷酸钙和有机肥混合施用,有机氮分解成铵态氮时,与过磷酸钙反应生成磷酸铵,防止变成氨气挥发,既减少了磷被土壤固定的机会,又起到保氮的作用;过磷酸钙与强碱性肥生石灰、草木灰混用时可生成不溶性的磷酸钙,影响肥效。

(2)混合施肥注意事项　一是碳酸铵与过磷酸钙虽可混合施用,但混合时应先溶化过磷酸钙,再溶化碳酸铵,反之则会产生偏磷酸,对鱼类产生毒害作用。二是混合施肥也要讲究时间性,做到看天施肥。三是混合施肥要考虑土壤和底质的影响,不同土壤对肥料吸收能力不同,如沙质土壤颗粒大,对肥料的吸收能力弱,易缺钾,混合施肥时应加大有机肥的用量,无机肥适当配以钾肥;低

注盐碱地池塘应加大磷肥的用量。

思 考 题

1. 鱼种管理包括哪些方面？如何抓好鱼种管理？

2. 鱼类饲料按来源和主要营养成分可划分为哪些类型？各类型常见的种类有哪些？

3. 配合饲料按生产工艺和形态可分为哪几种？各有何特点？如何选用？

4. 鱼类驯食的目的是什么？驯食时应注意什么？

5. 施肥养鱼的常用肥料有哪些种类？施用时应注意什么？

第六章 成鱼养殖技术

"八字精养法"中"密"、"混"、"轮"是养鱼实现高产、高效的技术措施，三者密切联系，相互制约，构成"八字精养法"的第二层次。"密"是根据"水、种、饵"的具体条件，合理密养，充分利用养殖水体和饵料，发挥各种鱼类群体的生产潜力，达到高产、高效的目的。"混"即混养，是在了解鱼类之间相互关系的基础上，合理地利用它们互相有利的一面。它充分发挥了"水、种、饵"的生产潜力。"轮"是在"混"和"密"的基础上，进一步延长水体的利用时间和扩大水体的利用空间，不仅使混养种类、规格进一步增加，而且使水体在整个养殖过程中始终保持合适的放养密度，做到活鱼均衡上市，保证市场长年供应，提高经济效益。

一、合理密养

密养是水产养殖高产、高效的重要技术措施之一，但放养密度应根据水体水交换量、水质及鱼类对溶氧等理化因素的耐受性等诸因素确定。

(一)合理密养应考虑的几个问题

1. 放养密度与产量、产出规格的关系 鱼产量是收获时鱼的尾数和每尾鱼在养殖期间增重的乘积。收获的尾数是放养鱼实际存活的尾数。因此，正常情况下，可以认为放养密度确定后，决定产量高低的是生长率(增重)和成活率，而鱼的增重又与放养规格大小、饲养技术水平、水体环境质量及饵料的质量和数量等有关。考虑放养密度时，因小型鱼类的体重较小，主要考虑尾数；大型鱼类则既要考虑尾数也要考虑放养重量,以期得到较为理想的群体产量。

放养密度和增重的增加都会增加鱼产量,但二者又相互制约。放养密度过大,由于饵料和活动空间不足、水质恶化会影响个体增重,使食用鱼质量和饵料报酬均有所下降,导致养鱼实际效益较差。反之,如只考虑个体增重则势必要降低放养密度,但过低的放养密度又会使产量减小,造成水体和饵料的浪费。

2. 饲料与放养密度的关系 对主要摄食人工投喂饲料的鱼类来说,在一定范围内,鱼类的放养密度越大,投喂饲料应越多;同时,饲料质量越好,产量越高。因此,提高放养量的同时,必须增加投饵量,才能达到增产效果。

主要滤食池塘中天然饵料的鱼类如鲢、鳙,在一定范围内,放养密度增大,产量一般也有所提高,但这与浮游生物的质量和补充速度有密切关系。如果采取施肥措施繁殖浮游生物,或投喂粉状商品饲料,即在合理的范围内多施肥或加大投饵量,则鲢、鳙的放养量可加大,产量也会进一步提高。

3. 水质与放养密度的关系 如果放养密度超出一定范围,尽管饵料供应充足,也难收到增产效果,甚至还可能产生不良后果,其主要原因是水质不良。鱼类要求水中有一定的溶氧量,我国主要养殖鱼类的适宜溶氧量为 3～5 毫克/升,如果低于 2 毫克/升时,则会使鱼类呼吸频率加快,能量消耗加大,生长速度变慢,饵料系数增加。如放养过密,池鱼经常处于低氧情况下,不利于其生长,黎明或半夜溶氧量即处于 1 毫克/升左右的危急状态,池鱼经常浮头,稍有不慎就会发生泛池事故,造成池鱼大量死亡。因此,溶氧量是水质限制放养密度的一个首要因子。

水质限制放养密度的第二个主要因子是鱼池有机物质分解的中间产物和包括鱼类在内的水生生物的排泄物。它们是以氨和多种形式的有机氮状态存在,这些物质对鱼类有较大的毒害作用。

若能使氨和有机物质分解的中间产物减少甚至消除，则会大幅度地提高池塘养鱼单位面积的产量。流水养鱼之所以比静水养鱼产量高十余倍至几十倍，其中很重要的原因是溶氧量充足和及时排除有害物质。

目前我国的池塘养鱼大量使用水泵加水和排出老水，也较多利用增氧机等增氧机械设备以增加池水溶氧量，加上配合饲料的应用和养殖技术的改进提高，使得我国池塘养鱼单位面积产量一直处于一个较高的水平。

(二)如何确定放养密度

合理的放养密度应根据水体条件、养殖鱼类的种类与规格、饲料供应情况和管理措施等方面来考虑确定。

1. 水体条件　有良好水源的池塘，放养密度可适当增大，较深池塘的放养密度可以大于较浅池塘。决定湖泊、水库放养密度的主要是水体的供饵能力和影响鱼类成活率的凶猛鱼类的危害程度。水体供饵能力强时，可加大放养密度；若凶猛鱼类的危害程度大，对此一方面要加强对凶猛性鱼类的控制，另一方面要加大鱼种放养数量和规格。必要时可测定水体的初级生产力，并结合回捕率计算出合理的放养密度。

2. 鱼种的种类和规格　混养多种鱼类的水体，放养量可大于单养一种鱼类或混养种类少的水体。由于混养的各种鱼类一般食性和栖息习性不同，故可提高总的放养密度。

不同种类的鱼，其鱼种规格、生长速度和养成食用鱼的大小规格不一，因此放养密度应各不相同。与较小型的鱼(如鲫、鲮等)相比，较大型的鱼(如青鱼、草鱼)的放养尾数应较少，而放养重量就较大。同种不同规格鱼种的放养密度应做适当调整。此外，若鱼产品规格过大，单位产量不高，表明放养过稀，也需调整放养密度。

3. 饵料供应　目前各种鱼类的配合饲料大量使用，鱼类的饵料供应问题得到很好的解决；而且，各厂家生产的成鱼混养料也几乎能被各种鱼类接受，养成周期缩短，轮捕提早，所以放养密度较以前大为提高。

二、混　养

成鱼养殖方式按养殖种类组成可分为单养和混养，单养即在同一水体中只放养一种鱼类，具有管理方便的特点；混养即是几种鱼类放养在同一水体中，具有充分利用水体空间和饵料资源的优点。流水养鱼、网箱养鱼、工厂化养鱼等高密度精养通常采取单养的方式，但有时会根据水体及放养鱼类的特点，少量套养其他鱼类，以清除残饵或附着生物，减少饲料浪费或清洗箱体的劳动量。混养是我国池塘养鱼的重要特点之一，在同一水体中进行多种鱼类、多种规格的混养，可充分发挥水体和鱼种的生产潜力，合理地利用饵料，提高产量。

混养包括3种类型：一是不同种鱼类的混养。在同一水体内混养的鱼类可达7～10种。二是同种不同年龄、规格的混养。一般为1龄和2龄鱼混养，有时一个龄级还包括若干种规格。三是不同种类、年龄和规格的混养。即同一水体混养多种鱼类，而且每种鱼又有不同的龄级和规格。

混养总的原则是：混养的鱼类在同一水体中和谐相处，不相互残害和吞食；对水质和生长期的水温要求相似；栖息水层和食性有一定的差异。我国的养殖鱼类中，草鱼、青鱼、鲢、鳙、鲮、鲂、鳊、鲤和鲫等鱼类大致符合上述要求，所以是较为理想的混养对象。

（一）混养的优点

1. 合理利用饵料和水体　我国天然水体养鱼的人工和天然饵料主要包括浮游生物、底栖生物、各种水草和旱草、有机碎屑及包括配合饲料在内的各种商品饲料。鱼类对天然饵料各有所好，而对各种商品饲料特别是配合饲料均喜食。

例如，在投喂草类饵料后，草鱼将草类切割，其粪便转化进入腐屑食物链，可供草食性、滤食性和杂食性鱼类反复利用，大大提高了草类饵料利用率；而在投喂人工精料时，主要被草鱼、青鱼、鲤等取食，部分较小颗粒被鲫、团头鲂和各种小规格鱼种吞食，鲢、鳙还可摄食粉状精饲料，这样全部商品精料都可为鱼类所利用，不至于浪费。

每种鱼类根据其习性栖息于一定的水层中。主食浮游生物的鲢、鳙及白鲫等生活于水体上层；草鱼、团头鲂等草食性鱼类生活于水体中、下层；青鱼、鲤、鲫、鲮、罗非鱼等则在底层活动。将这些鱼类合理搭配混养在一起，可以充分利用池塘各个水层，亦即在不增加局部分布密度的情况下，可增大整个水体中鱼类的放养密度。与单养一种鱼类相比，也就增加了池塘单位面积的放养量，从而提高池鱼产量。

2. 发挥养殖鱼类之间的互利作用　混养的积极意义不仅在于配养鱼本身提供一部分鱼产量，而且还可发挥各种鱼类之间的互利作用，从而使其各自的产量均有增加。例如，草鱼、青鱼、团头鲂、鲤等的残饵和粪便可作为培养浮游生物的良好肥料，同时还能提供大量碎屑，为鲢、鳙等滤食性鱼类创造良好的饵料条件；而滤食性鱼类滤食浮游生物和有机碎屑，可起到防止池水过肥的作用，给草鱼、青鱼等提供较为良好的生活环境；鲤、鲫、鲮、鲴、罗非鱼等杂食性鱼类可清除池中残饵，提高饲料的利用率，并改善池塘卫生条件，通过其摄食活动，还能起到翻动底泥和搅动泥水的作用，有助于上、下水层的混合，从而增加底层的溶氧量，加速有机物质的分解和营养盐的循环。

3. 获得食用鱼和鱼种双丰收　当年鱼种与食用鱼适当混养时，既能取得食用鱼高产，又能基本保障翌年放养的大规格鱼种的需要。

4. 提高经济效益 通过混养,不仅提高了产量,降低了成本,而且在同一池塘中生产出各种食用鱼,特别是可以全年向市场提供各种鲜鱼,这对增加生产者收入、繁荣市场、稳定价格、满足消费者的不同需要都具有重大意义。

(二)混养的生物学原理

混养即是利用放养鱼类之间对栖息水层空间和食物需求有所差异,达到水体空间和饵料资源充分利用的目的。我国混养池塘中主要养殖鱼类的相互关系见图 6-1。

1. 青鱼、草鱼、鲤、鲂与鲢、鳙间的关系 青鱼、草鱼、鲤、鲂主食贝类、草类和底栖动物等,俗称"吃食鱼",它们的残饵和粪便进入腐屑食物链和牧食链,因而给鲢、鳙提供了良好的饵料条件;而作为"肥水鱼",鲢、鳙又为喜清新水质的"吃食鱼"创造了良好的水体环境。渔谚中"一草带三鲢"正是这种混养的生物学意义的概括。在不施肥和少量投精料的情况下,"肥水鱼"和"吃食鱼"的比例大致为 1:1,这也就是渔谚"一层吃食鱼、一层肥水鱼"的由来,即是说每 1 千克"吃食鱼"可以带养 1 千克"肥水鱼";而在大量投喂精饲料和施肥的情况下,该比例应下降至 1:0.3 ~ 0.6。这是因为鱼池大量投饵施肥后,有一部分肥料和残饵未能被充分利用而变成塘泥,沉积在池底,暂时退出了池塘物质循环的缘故。

2. 草鱼和青鱼之间的关系 青鱼上半年个体小,食谱范围狭窄;下半年贝类资源相对丰富。在饲养的中、后期,青鱼投饲量增加,造成水质过肥,而青鱼较耐肥水;草鱼则喜欢水质清新,加之此时草类质量差,已不利于草鱼生长。因此,在生产上应采取不同季节重点抓不同养殖对象的做法。在 8 月份以前抓草鱼投喂,使大规格草鱼在 8 月份左右达到上市规格,轮捕上市,稀疏密度,有利于留池草鱼的生长;而青鱼上半年主要抓饲料的适口性,8 月份后

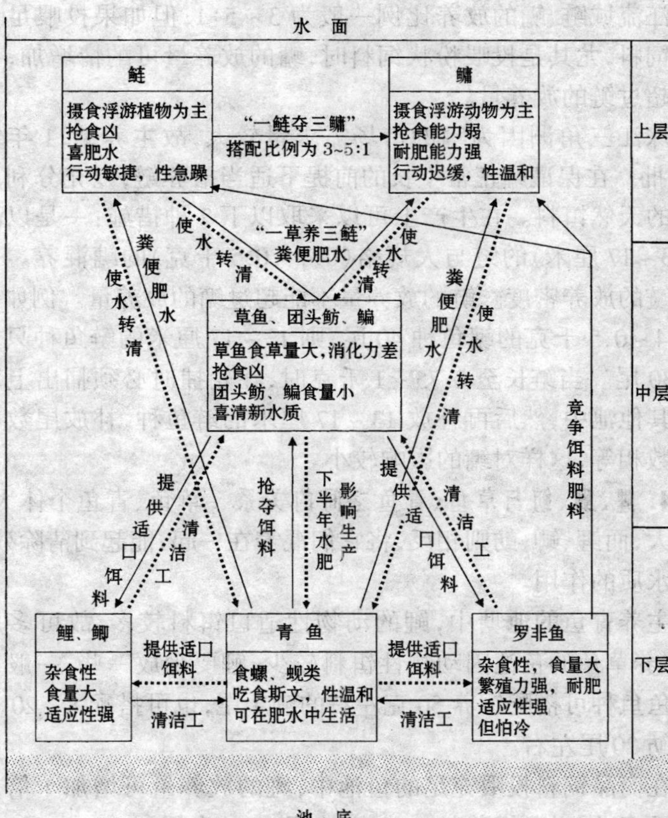

图 6-1　各种养殖鱼类混养的相互关系

抓青鱼的投喂，促进生长，从而缓和青鱼和草鱼在水质上的矛盾。

3. 鲢、鳙之间的关系　鲢、鳙的天然食物只是相对的不同，在施肥和投喂精饲料的池塘中，鲢的抢食能力远比鳙强；在不投饵的池塘中，浮游动物的数量又远比浮游植物的少。因而鲢会抑制鳙的生长，即渔谚所谓“一鲢夺三鳙”之说，故鳙的放养量不能太大。

在长江流域鲢、鳙的放养比例一般为 3～5∶1；但如果投喂足量的商品饲料，尤其是投喂粉状饲料时，鳙的放养量可酌情增加，甚至可以超过鲢的放养量。

珠江三角洲因为鳙的市场需求量较大，故主养鳙，1 年饲养 4～6 批。在保证鳙正常生长的前提下适当搭养鲢，以充分利用池塘中的天然饵料。在生产上可以采取以下 2 种措施：一是以小规格（13～17 厘米）的鲢与大规格（0.4～0.5 千克）的鳙混养。二是控制鲢的放养密度。鲢的放养量不能超过鳙的放养量。例如每次放 0.4～0.5 千克的鳙鱼种 40 尾，则 13～17 厘米的鲢鱼种只能放 20～30 尾。当鲢长至 0.75～1 千克时，在轮捕时必须捕出上市或转入其他池中，然后再补放 13～17 厘米的鲢鱼种，补放尾数与捕出尾数相等，这样对鳙的影响较小。

4. 鲤、鲫、鲂与草鱼、青鱼之间的关系 草鱼、青鱼个体大，食量也大，而鲤、鲫、鲂则相反，将它们混养在一起，能起到清除残饵，改善水质的作用。

主养青鱼的池塘中，鲤的动物性适口饵料较多，故可多放养鲤；主养草鱼的鱼池因动物性饵料较少，鲤要少放一些，一般每千克草鱼鱼种可搭配饲养 50 克左右的鲤 1 尾，也可搭配 8～20 克的团头鲂 20 尾左右。

在商品饲料投喂充足的鱼池中，鲤的放养量可增加 1 倍左右甚至更多，同时可饲养 10～15 克的鲫 1 000 余尾。

5. 罗非鱼与鲢、鳙间的关系 罗非鱼是杂食性鱼类，其幼鱼以浮游生物为主要食物，成鱼则以有机碎屑、丝状藻类和高等植物茎叶为主食。因此，罗非鱼与鲢、鳙在食性上有一定矛盾。生产上常采取以下措施：一是罗非鱼与鲢、鳙交叉放养。上半年罗非鱼个体小，尚未大量繁殖，密度稀，对鲢、鳙影响小，必须抓好鲢、鳙的饲养，使它们能在 6～8 月份达到 0.5 千克以上，轮捕上市；下半年罗非鱼大量繁殖，个体增大，密度增加，必须主抓罗非鱼的饲养管理。

二是控制罗非鱼的密度，将达到上市规格的罗非鱼及时捕出。三是控制罗非鱼的繁殖，如采取放养少量凶猛鱼类或单养雄性鱼的方法。四是增加投饲、施肥量，保持水质肥沃以缓和食物矛盾。

6. 凶猛肉食性鱼类与其他鱼类的关系　在养殖水体中适当混养少量像鳜、南方鲇、乌鳢等凶猛肉食性鱼类，主要是利用它们捕食水体中自繁的或外界带进的小型野杂鱼类以及生长缓慢、病弱体残的放养鱼类，使产品转化为高档鱼类产品，增加经济收益，同时避免和减轻小型野杂鱼类与放养鱼类争食、耗氧，提高饲料利用率及控制病弱鱼类数量，减少发病率。但要注意的是，一要根据潜在供饵能力确定合适的混养量，二是要考虑对套养鱼种的危害程度。

(三)确定主养鱼类和配养鱼类

1. 主养鱼　又称主体鱼，也就是主要的养殖鱼类。其不仅在放养量(重量)上占较大比例，而且是投饵、施肥和饲养管理的主要对象。其产量的高低对单位面积产量和产值起着决定性的作用。确定主养鱼类应考虑以下因素。

(1)市场需求　根据当地市场对各种养殖鱼类的需求量、价格和供应时间的要求，为市场提供适销对路的鱼货。

(2)饵料肥料来源　草类资源丰富的地区，可考虑以草鱼为主养鱼；螺、蚬类资源较多则可以考虑以青鱼为主养鱼；精饲料充足的地区，则可根据当地消费习惯，以鲤、鲫或青鱼作为主养鱼；肥料容易解决则可以考虑将鲢、鳙等滤食性鱼类或者罗非鱼、鲮等腐屑食性鱼类作为主养鱼。

(3)水体条件　面积较大的池塘，水质肥沃时，天然饵料丰富，可以鲢、鳙作为主养鱼；新建的池塘，水质清瘦，可以草鱼、团头鲂为主养鱼；水较深的池塘可以青鱼、鲤为主养鱼。

在水质较瘦的大型水体，鳙的放养量和生产量要比鲢高，这主要是因为:大型水体的初级生产力相对要低,这就影响了主食浮游植物的鲢鱼的生长;浮游动物除了吃浮游植物外,还吃细菌、有机碎屑等,所以大型水体的浮游动物有可能多于浮游植物;鳙的滤食能力强,摄食浮游动物的饵料系数小,能量转换效率高,鱼体生长快。而在较肥的中小型水体,小型浮游生物数量大,这对鳃耙细密的鲢有利,而鳃耙稀疏的鳙的滤食效率就没有鲢高,因此在这种水体鲢的生长比鳙快。

(4)鱼种来源　只有鱼种供应充足且价格适宜,才能作为主要养殖对象。华南地区如罗非鱼鱼种供应充足,可考虑将其作为主养鱼。

2. 配养鱼　是处于配角地位的养殖鱼类,其可以充分利用主要养殖鱼类的残饵以及水中天然饵料。如适当加大对配养鱼的投饵量,配养鱼的产量也会较高,往往多种配养鱼的总量甚至会超过主养鱼,其作用不容忽视。

我国池塘养殖的配养鱼类,一般可多达 7~8 种。一般的水库、湖泊均可放养少量的草食性鱼类,因为即使水体中没有水草,由于水体水位的涨落,可以淹没旱草从而为草食性鱼类提供部分饵料。草食性鱼类的放养量要根据水草的资源量来确定,要保证水体中的水草不消耗殆尽。对于少数新开发的荒湖,底栖动物和水草较多,宜适当放草鱼、鲤、鲫、鳊等,同时注意水草的保护;多年放养的水体,底栖动物和水草较少,这些鱼类的放养比例应减小。

其他鱼类作为主养鱼时,鲢、鳙均为主要的配养鱼,仍应占全池总产量的 30%~40%。

三、轮捕轮放

轮捕轮放就是分期捕鱼和适当补放鱼种,即在密养的水体中,根据鱼类生长情况,到一定时间捕出一部分达到商品规格的食用鱼，再适当补放一些鱼种，以提高单位面积产量。概括地说，轮捕轮放就是一次或多次放足，分期捕捞，捕大留小或去大补小。混养密放是轮捕轮放的前提，而轮捕轮放能进一步发挥混养、密养的增产作用。

（一）轮捕轮放的作用

1. 有利于活鱼均衡上市，提高经济效益　养鱼前、中期，市场上淡水鱼少，鱼价高，群众无鱼可食；而后期市场上淡水鱼产品相对集中，养殖单位又往往出现“卖鱼难”现象，造成鱼价低廉。采用轮捕轮放可以避免市场上淡水鱼出现“春缺、夏少、秋挤”的局面，做到四季有鱼，不仅满足社会需要，而且也提高了经济效益。

2. 有利于加速资金周转，减少流动资金占用　一般轮捕上市鱼的经济收入可占养鱼总收入的 40%～50%，这就加速了资金的周转，降低了成本，为扩大再生产创造了条件。

3. 有利于鱼类生长　在饲养前期，因鱼体小，活动空间大，为充分利用水体，年初可多放一些鱼种。随着鱼体生长，采用轮捕轮放方法及时稀疏密度使池鱼容纳量始终保持在最大限度的容纳量以下(图 6-2)。这样就可以延长和扩大池塘饲养的时间和空间，缓和或解决密度过大对池鱼群体增长的限制，使鱼类在主要生长季节始终保持合适的密度，促进其快速生长。

4. 有利于提高饵料、肥料的利用率　利用轮捕控制各种鱼类生长期的密度，以缓和鱼类相互之间在食性、生活习性和生存空间的矛盾，使食用鱼池混养的种类和数量进一步增加，充分发挥池塘中“水、种、饵”的生产潜力。

5. 有利于培育量多质好的大规格鱼种，为稳产、高效奠定基础　通过捕大留小，适时捕捞达到商品规格的食用鱼，及时补充夏花和 1 龄鱼种，使套养的鱼种迅速生长，年终培育成大规格鱼种。

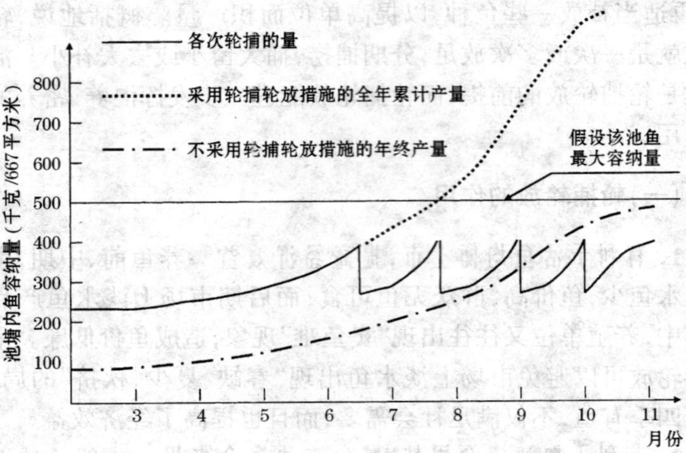

图 6-2　轮捕轮放增产示意图

(二)实施轮捕轮放的前提条件

第一,年初放养数量充足的大规格鱼种。只有放养大规格鱼种,才能在饲养中期达到上市规格,轮捕出塘。

第二,各类鱼种规格齐全,数量充足,配套成龙,符合轮捕轮放要求,同规格鱼种大小均匀。

第三,同种不同规格的鱼种个体之间的差距要大,否则易造成两者生长上的差异不明显,给轮捕选鱼造成困难。

第四,饵料、肥料充足,管理水平要高,否则到了轮捕季节,因鱼种生长缓慢,尚未达到上市规格,生产上就会处于被动。

第五,合理选用捕捞网具。使用网目长度为 5 厘米的大目网,网片水平缩结系数与垂直缩结系数相近,网目近似于正方形。轮捕拉网时,中、小规格鱼种穿网而过,不易受伤,而大规格鱼留在网内。这样选鱼和操作均较方便,拉网时间短,劳动生产率高。

以上为池塘实施轮捕轮放的前提条件,而网箱养鱼和工厂化养鱼的轮捕较为容易，更易于实现轮捕；湖泊水库则一般只进行冬季或春季大捕捞。

（三）轮捕轮放的主要对象和时间

池塘中轮捕轮放的对象主要是放养较大的鲢、鳙和养殖后期不耐肥水的草鱼。罗非鱼只要达到商品规格也可作为轮捕的对象。青鱼、鲤、鲫因捕捞困难，难以轮捕。长江流域地区在6月份以前由于鱼种放养时间不长，水温较低，鱼增重不多，这时一般不能捕。如放养密度不太大，不至于超过最大容纳量，就不一定实施轮捕，除非要提早供应市场。6～9月份水温较高，鱼生长快，如不通过轮捕稀疏密度，则将因饵料不足和水中溶氧降低而影响鱼总产量。10月份以后水温日渐降低，鱼生长转慢，除捕出符合商品规格的鲢、鳙、团头鲂和草鱼外，主要应捕出容易为低温致死的罗非鱼。为了掌握轮捕的时间及数量，除经常观察池鱼浮头、摄食和生长情况外，还要了解不同水温条件下几种主要养殖鱼类的净产量和各饲养阶段的增重比例，以此推断池鱼最大容纳量的出现时间，作为适时轮捕套养的依据。

网箱和工厂化养殖设施中只要鱼类达到上市规格、市场价格合理时就可分批收获或轮捕上市。

（四）轮捕轮放的方法

1. 捕大留小　放养不同规格或相同规格的鱼种，饲养一定时间后，分批捕出一部分达到食用规格的鱼类，而较小的留池继续饲养，不再补放鱼种。

2. 捕大补小　分批捕出食用鱼后，同时补放鱼种。这种方法的产量较上一种方法高。补放的鱼种可根据规格的大小和生产的目的，或养成食用鱼，或养成大规格鱼种，为翌年放养奠定基础。

例如，湖南省衡阳市郊区的池塘以养鲢、鳙为主，轮捕轮放次数较多,1年达7~8次,在4月底或5月初即开始轮捕,大约20~30天轮捕1次,捕捞后补放与捕出数量相当的鲢、鳙鱼种。6月份放的是2龄鱼种,一般年底可以达到上市规格;6月份以后补放的是当年培育的10厘米以上的鱼种,养至年底可作为翌年首批放养的大规格鱼种。又如,江苏省无锡市郊区池塘里的轮捕轮放采用年初放足、多次捕出食用鱼、其间套养鱼种的做法。自放养至年底干池,一般经过5次轮捕和3次轮放(套养)。其轮捕轮放次数、时间和鱼类见表6-1。

表6-1 江苏省无锡市郊区池塘轮捕轮放情况

轮放			轮捕		
序数	季节	鱼类	序数	季节	鱼类
1	4月下旬	越冬罗非鱼			
2	6月中旬	夏花鲤、鲫、鲢、鳙	1	6月初至6月中旬	70%为年初放养的大规格鲢、鳙,1.5千克以上的草鱼
3	7月中旬至7月底	鲢、鳙、草鱼鱼种	2	7月中旬至7月底	30%为年初放养的大规格鲢、鳙,1.5千克以上的草鱼;20%为年初放养的中、小规格鲢、鳙,0.3千克以上的团头鲂
			3	8月中旬至8月底	30%为年初放养的中、小规格鲢、鳙,1.5千克以上的草鱼,0.3千克以上的团头鲂、罗非鱼,0.2千克以上的白鲫
			4	9月下旬至10月初	50%为年初放养的中、小规格鲢、鳙,1.5千克以上的草鱼,0.3千克以上的团头鲂、罗非鱼,0.2千克以上的白鲫
			5	10月下旬至11月初	主要捕0.1千克以上的罗非鱼

3. 轮捕轮放的技术要点 在天气炎热的夏秋季节捕鱼,渔民称为捕"热水鱼"。因为水温高,鱼类的活动能力强,捕捞较困难,

加之鱼类耗氧量大，不能忍受较长时间的密集，而网中捕获的鱼大部分要回池，如在网中时间过长，很容易受伤或缺氧闷死。因此，在夏秋季节水温高时捕鱼是一项技术性较强的工作，要求操作细致、熟练、轻快。

捕捞前几天，要根据天气适当控制施肥量，以确保捕捞时水质良好。捕捞要求在一天中水温较低、池水溶氧量较高时进行。一般多在下半夜或黎明捕鱼，这样也便于供应早市；若要供应夜市则在下午捕捞。如果池鱼有浮头征兆或正在浮头，严禁拉网捕鱼。傍晚也不能拉网，以免引起上、下水层提早对流，加速池水溶氧消耗并造成池鱼浮头。

捕捞后，鱼体分泌大量黏液，同时池水浑浊，耗氧量增大。因此，须立即加注新水或开增氧机，使鱼有一段顶水时间，以冲洗过多的黏液，防止浮头。白天捕热水鱼，一般加水或开增氧机 2 小时左右即可；夜间捕鱼，加水或开增氧机一般要待日出后才能停泵停机。

(五)鱼种套养

为解决食用鱼高产和大规格鱼种供应不足的矛盾，可以在食用鱼池套养鱼种。套养是在轮捕轮放基础上发展起来的，它使食用鱼池既能生产食用鱼，又能培育翌年放养的大规格鱼种。当前市场对食用鱼的上市规格要求有逐步增大的趋势，大规格鱼种如果仅依靠鱼种池培育，就大大缩小了食用鱼池的面积，其成本必然增大。而在食用鱼池套养鱼种，每年只需在食用鱼池中增放一定数量的小规格鱼种或夏花，至年底即能获得一大批大规格鱼种。尽管当年食用鱼的上市量略有下降，但却为翌年成鱼池提供了大部分鱼种的放养量。套养不仅从根本上革除了 2 龄鱼种池，而且也压缩了 1 龄鱼种池的面积，增加了食用鱼池的养殖面积。

要做好鱼种套养工作，要注意以下问题：一是切实抓好鱼苗和 1 龄鱼种的培育，培育出规格大的 1 龄鱼种，其中 1 龄草鱼种和青鱼种的全长必须达到 13 厘米以上,团头鲂的全长必须达到 10 厘米以上。二是食用鱼池年底出塘的鱼种数量应等于或略多于翌年该鱼池中大规格鱼种的放养量。三是必须保证食用鱼池有 80%以上的食用鱼上市。四是及时稀疏鱼类的饲养密度,使鱼类正常生长。五是轮捕的网目要适当放大,避免小规格鱼种挂网受伤。六是加强饲养管理,对套养的鱼种在摄食方面应给予特殊照顾。例如,增加适口饵料的供应量,开辟鱼种食场,先投颗粒饲料喂大鱼、后投粉状饲料喂小鱼等方法促进套养鱼种的生长。

四、养殖管理

"增产措施千条线,通过管理一根针",一切养鱼的物质条件和技术措施最后都要通过日常管理,才能充分发挥效能,达到高产、高效的目的。

成鱼养殖是一项技术较复杂的生产活动。它涉及气象、饲料、水质、营养、鱼类个体和种群动态等各方面的因素,这些因素又时刻变化、相互影响。因而管理人员要全面了解养鱼全过程和各种因素间的联系,以便控制池塘生态环境,取得稳产、高产。

(一)经常巡池,观察池鱼动态

每天要早、中、晚巡视池塘 3 次。黎明时观察池鱼有无浮头现象,浮头的程度如何;白天可结合投饵和测水温等工作,检查池鱼活动和吃食情况,近黄昏时检查全天吃食情况,有无残饵,有无浮头预兆。酷暑季节,天气突变时,鱼类易发生严重浮头,还应在半夜前后巡塘,以便及时制止严重浮头,防止泛池发生。

(二)保持水质清新和池塘环境卫生

池塘水质要保证既较肥又清新,溶氧量也要较高。因此,除了根据施肥情况和水质变化，经常适量注入新水调节水质、水量外，还要随时捞去水中污物、残渣，割除池边杂草，以免污染水质，影响溶氧量。

（三）及时防除病害

细致地做好池塘清整、鱼种消毒、饲料检验工作是防除病害的重要环节，应认真对待。平时注意观察鱼类活动和摄食情况，如发现鱼类在摄食时间不聚集，或摄食不活跃，摄食量下降，活动异常，在排除水质不良所引起的可能性后，要考虑鱼类发生病害的可能，最好能取样检查。一旦发现池鱼患病，要及时治疗。在选择用药时，尽可能正确判断病原，对症下药，避免或减少损失。

（四）施肥和投饵

养鱼取得高产的全过程是一个不断解决水质和饲料矛盾的过程。一方面要不断为鱼类创造一个良好的生活环境，另一方面又要使鱼类不断地得到量多质好的饲料。在高密度精养的鱼池中，在鱼类主要生长季节，大量投饵、施肥后，带来的后果往往是水质过肥甚至是恶化，反而限制了投饵施肥，又容易引起鱼类浮头和泛池。如果不施肥、少投饵，则水质清淡，鱼产量很低。因此，在池塘管理中必须解决水质和饵料、肥料之间的矛盾。我国池塘养鱼对于解决该矛盾的经验是：水质保持“肥、活、爽”，投饵、施肥保持“匀、好、足”。

匀—— 一年中应连续不断地投以足够数量的饵料和肥料。在正常情况下，前后两次投饵之间的投饵量和时间间隔均应相差不大，以保证投饵量既能满足池鱼摄食的需要，又不过量而影响水质。

好——肥料、饵料的质量应是优质的。投喂的饵料质量高、营养丰富，鱼类能利用充分，其排泄物和饵料残留量就会随之减少，从而有利于保持良好的水质。

足——施肥量和投饵量适当,以使池鱼在规定的时间范围内将投饲物吃完,达到足而不饥、饱而不剩。

实践证明,保持水质“肥、活、爽”,不仅鲢、鳙有丰富的浮游生物可食,而且青鱼、草鱼、鲤、鲂等鱼类也能在密养的条件下最大限度地生长,不易得病。生产上一是采用“四定”投喂技术来保证投饵施肥的数量和次数,以“匀、好、足”作为水质控制的措施;二是合理使用增氧机与水质改良机械、及时加注新水和使用调水剂等措施来改善水质,使水质保持“肥、活、爽”。

(五)防止浮头和泛池

精养鱼池由于有机物多,故耗氧量大。当水中溶氧降低到一定程度(一般 1 毫克/升左右),鱼类就会因水中缺氧而浮到水面,将空气和水一起吞入口内,这种现象称为浮头。浮头是鱼类对水中缺氧所采取的“应急”措施。吞入口内的空气在鱼鳃内分散成很多小气泡,这些小气泡中的溶氧便溶于鳃腔内的水中,使其溶氧相对增加,有助于鱼类的呼吸。因此,浮头是鱼类缺氧的标志。随着时间的延长,水中溶氧进一步下降,靠浮头也不能提供最低的氧气需要,鱼类就会窒息死亡。大批鱼类因缺氧而窒息死亡,就称为泛池。泛池往往给养鱼者带来毁灭性的打击。俗话说:“养鱼有二怕,一怕鱼病死,二怕鱼泛池”。而且泛池的突发性比鱼病严重得多,危害更大,素有“一忽穷”之称。为了防止鱼类泛池,首先要防止鱼类浮头。

1. 鱼类浮头的原因

一是因上下水层水温差产生急剧对流引起。炎夏晴天,精养鱼池色浓水肥,白天上下层溶氧差很大;至午后,上层水产生大量氧盈,下层水产生很多氧债,由于水的热阻力,上下水层不易对流。傍晚以后如雷阵雨或大风天气,致使表层水温急剧下降,产生密度流，使上下水层急剧对流，上层溶氧较高的水迅速对流至下层，并很快被下层水中的有机物所耗净，偿还氧债，致使整个池塘的溶氧迅速下降，造成缺氧浮头。

二是因光合作用弱引起。夏季如遇连绵阴雨或大雾，光照条件差，会使浮游植物光合作用强度减弱，水中溶氧的补给减少，而池中各种生物的呼吸和有机物质分解都不断地消耗氧气，以致水中溶氧供不应求，引起鱼类浮头。

三是因水质过浓或水质败坏引起。夏季久晴未雨，池水温度高，加之大量投饵，容易使水质变肥，耗氧加大。由于水的透明度小，增氧水层浅，耗氧水层深，水中溶氧供不应求，就容易引起鱼类浮头。如不及时加注新水，水色将会转为黑色，此时极易造成水中浮游生物因缺氧而全部死亡，水色转清并伴有恶臭（俗称臭清水），则往往造成泛池死鱼事故。

四是因浮游动物大量繁殖引起。春季轮虫或溞类大量繁殖形成水华（轮虫为乳白色，溞类为橘红色）并大量滤食浮游植物。当水中浮游植物被滤食完后，池水清晰见底（渔民称“倒水”），池水溶氧的补给只能依靠空气溶解，而浮游动物的耗氧大大增加，溶氧远远不能满足水生动物耗氧的需要，引起鱼类浮头。

2. 预测浮头的方法　浮头发生之前一般会出现某些征兆，因此，根据这些征兆事先做好预测预报工作是避免浮头发生的有力手段。鱼类发生浮头前，可根据以下 4 个方面来预测。

一是根据天气预报或当天天气情况预测。例如，夏季晴天傍晚下雷阵雨，使池塘表层水温急剧下降，引起池塘上下水层急速对流，上层溶氧高的水对流至下层，很快被下层水中的有机物耗净而引起严重浮头。夏秋季节晴天白天吹南风，夜间吹北风，造成夜间气温快速下降，俗称“南撞北”，引起上下水层迅速对流，容易引起浮头。夏季夜间风力较大，气温下降快，上下水层对流加快，也易引起浮头。连绵阴雨、光照差、浮游植物光合作用减弱，加上风力小、气压低,致使水中溶氧供不应求,容易引起浮头。此外,久晴未雨,池水温度高,加之大量投饵,水质肥,一旦转阴,也容易引起浮头。

二是根据季节和水温的变化进行预测。如江浙地区 4~5 月份水温逐渐升高,水质转浓,池水耗氧增大,鱼类对缺氧环境尚未完全适应。因此,天气稍有变化,清晨鱼类就会集中在水上层游动,可看到水面有阵阵水花,俗称暗浮头。这是池鱼第一次浮头,由于其体质娇嫩,对低氧环境的忍耐力弱,此时必须采取增氧措施,否则容易死鱼。在梅雨季节,由于光照强度弱,而水温较高,浮游植物造氧少,加之风力小、气压低,往往引起鱼类严重浮头。又如夏秋季节交替时期,气温变化剧烈,多雷阵雨天气,容易引起浮头。

三是根据观察水色进行预测。池塘水色浓,透明度小,或产生"水华"现象。如遇天气变化,容易造成浮游植物大量死亡,水中耗氧大增,引起鱼类浮头、泛池。

四是根据鱼类摄食情况进行预测。经常检查食场,当发现饵料在规定时间内没有吃完,而又没有发现鱼病,就说明池塘溶氧条件差,第二天清晨可能会发生浮头。此外,对于草鱼可观察草鱼吃草情况判断。在正常情况下,一般看不到草鱼吃草,而只看到漂浮在水面的草在翻动,草梗逐渐往下沉,并可听到"嘎嘎"的吃草声;如果发现草鱼仅仅在草堆边上吃草,说明草堆下的溶氧已经很低;如发现草鱼衔着草在池中游动,想吃又吃不下,说明池水已经缺氧,即将发生浮头。

3. 防止浮头的方法 发现鱼类有浮头预兆,可采取以下方法预防。

一是在夏季如果天气预报傍晚有雷阵雨,则可在晴天中午开增氧机。将溶氧高的上层水送至下层,事先降低下层水的耗氧量,及时偿还氧债。这样,到傍晚下雷阵雨引起上下水层急剧对流时,因下层水的氧债小，溶氧就不致急剧下降。

二是如果天气连绵阴雨，则应在鱼类出现浮头征兆之前开动增氧机，改善溶氧条件，防止鱼类浮头。

三是如发现水质过浓，应及时加注新水，以增大透明度，改善水质，增加溶氧。

四是估计鱼类可能浮头时，根据具体情况，控制其摄食量。鱼类在饱食情况下，基础代谢高、耗氧大，更容易浮头。例如，有人曾发现草鱼在吃饱草的情况下，比其他鱼类先浮头，此时池水溶氧为1.55毫克/升。如预测是轻浮头，饵料应在傍晚前吃净，不吃夜食；如天气不正常，预测会发生严重浮头，应立即停止投饵，已经投下去的草类必须捞出，以免鱼类浮头时妨碍浮头和注水。

4. 观察浮头的方法　观察鱼类浮头通常在夜间巡塘时进行。主要有以下办法。

一是在池塘上风处用手电筒照射水面，观察鱼是否受惊。在夜间池塘上风处的溶氧比下风处高，因此鱼类开始浮头总是在上风处。用手电光照射水面，如上风处鱼受惊，则表示鱼已开始浮头；如只发现下风处鱼受惊，则说明鱼正在下风处吃食，没有发生浮头。

二是用手电光照射池边，观察是否有螺、小杂鱼或虾类浮到池边。由于它们对水中溶氧变化较敏感，如发现它们浮在池边水面，螺有一半露出水面，标志着池水已缺氧，鱼类已开始浮头。

三是对着月光或用手电筒观察水面是否有浮头水花，或静听是否有“吧咕、吧咕”的浮头声音。

5. 衡量鱼类浮头轻重的方法　鱼类发生浮头时，还要判断出浮头的轻重缓急，以便采取不同的措施加以解救。判断浮头轻重，可根据鱼类浮头的时间、地点、浮头面积大小、浮头鱼的种类和鱼类浮头动态等情况来判别（表6-2）。

表 6-2　鱼类浮头轻重程度判别

浮头时间	池内地点	鱼类动态	浮头程度
早　上	中央、上风处	在水上层游动,可见阵阵水花	暗浮头
黎　明	中央、上风处	罗非鱼、团头鲂、野杂鱼在岸边浮头	轻
黎明前后	中央、上风处	罗非鱼、团头鲂、鲢、鳙浮头,稍受惊动即下沉	一般
半夜 2~3 时以后	中央	罗非鱼、团头鲂、鲢、鳙、草鱼或青鱼(如青鱼饵料吃得多)浮头,稍受惊动即下沉	较　重
午　夜	由中央扩大到岸边	罗非鱼、团头鲂、鲢、鳙、草鱼、青鱼、鲤、鲫浮头,但青鱼、草鱼体色未变,受惊动不下沉	重
午夜至前半夜	青、草鱼集中在岸边	池鱼全部浮头,呼吸急促,游动无力,青鱼体色发白,草鱼体色发黄并开始出现死亡	泛　池

表 6-2 是在正常情况下鱼类浮头。而青鱼或草鱼在饱食情况下会比鲢、鳙先浮头。此外,罗非鱼对缺氧条件最为敏感,但该鱼的耐低氧能力很强,故渔民称其为“浮得早、浮不死”的鱼。

6. 应对浮头的措施　发生浮头时应及时采取增氧措施。如增氧机或水泵不足,可根据各池鱼类浮头情况区分轻重缓急,先用于重浮头的池塘,但暗浮头时必须及时开动增氧机或加注新水。从开始浮头到严重浮头这段时间与当时的水温有关。水温低,则这段时间长一些,反之则短些。一般水温在 22℃ ~ 26℃时开始浮头后,拖延 2 ~ 3 小时增氧也不会发生危险;水温在 26℃ ~ 30℃时开始浮头,1 小时内应立即采取增氧措施,否则,青鱼、草鱼已分散到池边,此时再行冲水或开增氧机,鱼不易集中在水流处,就容易引起死鱼。必须注意的是,由于池塘水体大,用水泵或增氧机的增氧效果比较慢。以出水量 60 立方米/小时的潜水泵(2.2 千瓦)为例,对水深 2.5 米的 0.33 公顷鱼池(约 8 200 立方米水)加水,假设水泵出水口的溶氧已接近饱和度(约 7 毫克/升)计算,要使整个池水溶氧增加 1 毫克/升,在不扣除耗氧的前提下,就需连续加水 20 小时。增氧机解救浮头效果一般比水泵好一些,但两者的效果没有根本的区别。浮头后开机、开泵,只能使局部范围内的池水有较高的溶氧,此时开动增氧机或水泵加水主要起集鱼、救鱼的作用。因此,水泵加水时,其水流必须平行水面冲出,使水流冲得越远越好,以便尽快把浮头鱼引集到这一路溶氧较高的新水中,以避免死鱼。在抢救浮头时,切勿中途停机、停泵,否则会加速浮头死鱼。一般需待日出后方能停机停泵。

发生严重浮头或泛池时,也可用化学增氧方法,其增氧救鱼效果迅速。具体药物可采用复方增氧剂。其主要成分为过碳酸钠和沸石粉,含有效氧为 12%～13%。使用以局部水面为好,将该药粉直接撒在鱼类浮头最严重的水面,浓度为 30～40 毫克/升,一次用量每 667 平方米为 46 千克,一般 30 分钟后就可以平息浮头,有效时间可保持 6 小时。该药物需注意保存,防止潮解失效。

7. 发生鱼类泛池时应注意的事项　当发生泛池时,属于纺锤体形的青鱼、草鱼、鲤大多搁在池边浅滩处;体形稍扁的鲢、鳙、团头鲂浮头已经十分乏力,鱼体与水面的角度由浮头开始时的 15°～20°变为 45°～60°,此时切勿使鱼受惊。否则受惊后一经挣扎,浮头鱼即冲向池中而死于池底。因此,严禁人员在池边喧哗或走近池边,也不要捞取死鱼,以防浮头鱼受惊死亡。只有待开机开泵后,才能捞取个别未被流水刺激聚集而即将死亡的鱼,可将它们放在溶氧较高的清水中抢救。

通常池鱼窒息死亡后,浮在水面的时间不长,即沉于池底。如池鱼窒息时挣扎死亡,往往未经浮于水面就直接沉于池底,此时沉在池底的鱼尚未变质,仍可食用。若隔了一段时间(水温低时约

24小时后,水温高时10~12小时)后死鱼再度上浮,此时鱼已腐烂变质,无法食用。根据渔民经验,泛池后一般捞到的死鱼数仅为整个死鱼数的一半左右,即还有一半死鱼已沉于池底。因此,待浮头停止后,应及时拉网捞取或下水摸取死鱼。

渔场发生泛池时,应立即组织两支队伍:一支专门负责增氧、救鱼和捞取死鱼等工作,另一支负责鱼货销售,准备好交通工具等,及时将鱼货处理好,以尽量挽回一部分损失。

思考题

1. 合理密养应考虑哪些因素?

2. 混养有何优点?试举例说明鱼类混养的生物学原理。

3. 轮捕轮放有何作用?试述池塘养鱼实行轮捕轮放的前提条件有哪些?

4. 池塘管理有哪些基本内容?

5. 鱼类浮头的原因有哪些?如何预测浮头和解救浮头?

第七章　成鱼养殖模式及操作实例

在长期的生产实践中，我国劳动人民因地制宜地发展了一些效果较为理想的食用鱼养殖模式。随着现代养鱼技术的发展，一些新的养殖模式也逐步推广应用。本章将对我国各地较为成功的一些池塘混养模式进行介绍。

一、以草鱼为主养鱼的混养类型

其包括2种类型：一种是主要对草鱼（还包括团头鲂）投喂青饲料，利用其粪便肥水，产生大量腐屑和浮游生物，带养鲢、鳙。由于青饲料容易解决，成本较低，长期以来是我国最为普遍的一种混养类型（表7-1）。

表7-1　以草鱼为主养鱼每667平方米净产500千克放养收获模式（上海郊区）

鱼类	放养 规格（克）	放养 尾数	放养 重量（千克）		成活率（%）	收获 规格	收获 毛产量（千克）		收获 净产量（千克）
草鱼	500～750	65	40	52.5	95	2千克以上	106	164	111.5
	100～150	90	11		85	500～750克	45		
	早繁苗10	150	1.5		70	100～150克	13		
团头鲂	50～100	300	22	28	90	250克以上	68	94	66
	10～15	500	6		70	50～100克	26		
鲢	100～150	300	33	33.5	95	750克以上	170	205	171.5
	夏花	400	0.5		80	100～150克	35		

续表 7-1

鱼类	放养				成活率(%)	收获			
	规格(克)	尾数	重量(千克)			规格	毛产量(千克)		净产量(千克)
鳙	100~150	100	13	13	95	1千克以上	57	72	59
	夏花	150			80	100~150克	15		
鲫	25~50	500	14	15	95	250克以上	71	87	72
	夏花	1000	1		60	25~50克	16		
鲤	35	30	1		95	750克以上	21		20
总计	—	—	143		—	—	643		500

该种养殖模式的技术要点是:①放养大规格鱼种。其来源主要由本塘套养解决。一般套养鱼种占总产量的15%~25%,本塘鱼种自给率在80%以上。②以草类作为主要饲料投喂。净产250千克/667平方米以下一般只施基肥,不追施有机肥;净产500千克/667平方米以上的主要在春、秋两季追施有机肥料,在7~10月份轮捕2~3次。③鲤放养量要少,放养规格适当大些。因为动物性饲料量少,故鲤放养不能多;放养大规格鲤鱼种便于及时上市。由于鲫价格比鲤高,有些地区采取"以鲫代鲤"的做法,即不放养鲤,而增加异育银鲫等优良鲫种的放养量,鲫的放养量可增至1.5~2倍。

另一种主要对草鱼和团头鲂等投喂全价配合饲料,利用草鱼、鲂的粪便肥水,同时养殖鲢、鳙、鲫,见表7-2。

表 7-2　以草鱼和鲢为主养鱼 667 平方米
净产 750 千克放养收获模式(武汉郊区)

鱼类	放养				收获			
	规格（克）	尾数	重量（千克）		规格	毛产量（千克）		净产量（千克）
草鱼	1500 左右 100～150	80 85	120 10	130	5 千克以上 2～5 千克 500～750 克 500 克以下	85.5 134.7 96.1 20.7	337	207
鲫	250～280 35～40	120 285	24 12	36	400 克以上 250～400 克 100～250 克	65.5 25.6 35.9	127	91
青鱼	1000 左右 150 左右	25 13	26 2	28	3 千克以上 1.5～2 千克 1.5 千克以下	5.8 11.6 57.4	74.8	46.8
团头鲂	50～100	300	20		500 克以上 350～400 克	30.7 113.7	144.4	124.4
鲢	50 左右	360	15		750 克以上 100～150 克	193.9 56.6	250.5	235.5
鳙	250～300	35	10		1 千克以上 500～1000 克	33.4 23.8	57.2	47.2
黄颡鱼	100 左右		0.1		150 克左右	6	6	5.9
总　计	—	—	239.1		—	996.9		757.8

该种养殖模式的技术要点是:①放养大规格鱼种。②以配合饲料作为主要饲料投喂,适当补充青饲料,有条件的地方也可加大青饲料的比例。一般不施基肥。③黄颡鱼放养量较少,放养规格适当大些,以便于尽早上市。

二、以鲢和鳙为主养鱼的混养类型

以滤食性鱼类鲢、鳙为主养鱼，适当混养其他鱼类，特别重视混养以有机碎屑为食的罗非鱼和鲴类等。饲养过程中主要施有机肥料。由于养殖周期短，有机肥料来源丰富，故成本较低。但这种模式下生产的优质鱼类比例偏低。目前该养殖类型已逐步增加了优质鱼类的放养量，见表 7-3。

表 7-3　以鲢和鳙为主养鱼 667 平方米净产 600 千克放养收获模式（湖南衡阳）

<table>
<tr><th rowspan="2">鱼　类</th><th colspan="4">放　养</th><th>成活率</th><th colspan="4">收获（千克）</th></tr>
<tr><th>规格（克）</th><th>尾 数</th><th colspan="2">重量（千克）</th><th>（%）</th><th>规 格</th><th colspan="2">毛产量</th><th>净产量</th></tr>
<tr><td rowspan="2">鲢</td><td>200</td><td>300</td><td>60</td><td rowspan="2">77</td><td>98</td><td>0.8</td><td>235</td><td rowspan="2">297</td><td rowspan="2">220</td></tr>
<tr><td>5～8 月份放 50</td><td>350</td><td>17</td><td>90</td><td>0.2</td><td>62</td></tr>
<tr><td rowspan="2">鳙</td><td>200</td><td>100</td><td>20</td><td rowspan="2">26</td><td>98</td><td>0.8</td><td>78</td><td rowspan="2">101</td><td rowspan="2">75</td></tr>
<tr><td>5～8 月份放 50</td><td>120</td><td>6</td><td>95</td><td>0.2</td><td>23</td></tr>
<tr><td>草　鱼</td><td>160</td><td>50</td><td colspan="2">8</td><td>80</td><td>1.0</td><td colspan="2">40</td><td>32</td></tr>
<tr><td>团头鲂</td><td>60</td><td>50</td><td colspan="2">3</td><td>90</td><td>0.35</td><td colspan="2">16</td><td>13</td></tr>
<tr><td>鲤</td><td>50</td><td>30</td><td colspan="2">1.5</td><td>90</td><td>0.8</td><td colspan="2">21.5</td><td>20</td></tr>
<tr><td>鲫</td><td>25</td><td>200</td><td colspan="2">5</td><td>90</td><td>0.25</td><td colspan="2">45</td><td>40</td></tr>
<tr><td>银　鲴</td><td>5</td><td>1000</td><td colspan="2">5</td><td>80</td><td>0.1</td><td colspan="2">80</td><td>75</td></tr>
<tr><td>罗非鱼</td><td>10</td><td>500</td><td colspan="2">5</td><td></td><td>0.25</td><td colspan="2">130</td><td>125</td></tr>
<tr><td>总　计</td><td>—</td><td>—</td><td colspan="2">130.5</td><td>—</td><td>—</td><td colspan="2">730.5</td><td>600</td></tr>
</table>

注：先放养 200 克鲢、鳙鱼种，待生长到上市规格轮捕后，再陆续补放 50 克的鲢、鳙鱼种，一般全年轮捕 6～7 次

该种养殖模式的技术要点是：①鲢、鳙放养量占 70%～80%，毛产量占 50%～60%，其大规格鱼种采用成鱼池套养解决。鲢、

鳙鱼种从5月份开始轮捕后，即补放大规格鱼种，补放鱼种数量与捕出数量大致相等。②一般较大池塘(6 667～20 010平方米)适宜施用有机肥料肥水。③为改善水质，充分利用有机碎屑，重视混养以有机碎屑为食的鱼类如罗非鱼、鲴类等，它们比鲤、鲫更能充分地利用池塘施有机肥后形成的饵料资源。④实行鱼、禽、畜、农结合，开展综合养鱼。如湖南省衡阳市的“鱼、猪、菜”三结合，江苏省南京市的“鱼、禽、菜”三结合，对废物进行合理的再利用，提高了能源利用率，并且保持了生态平衡。

三、以草鱼和青鱼为主养鱼的混养类型

该类型是江苏省无锡市渔区的典型养殖模式，见表7-4。

表7-4　以草鱼和青鱼为主养鱼667平方米净产750千克放养收获模式(江苏无锡)

鱼类		放养				成活率(%)	收获(千克)		
		月份	规格(克)	尾数	重量(千克)		规格	毛产量	净产量
草鱼	过池	1～2	500～750	60	37	95	2以上	120	117.5
	过池	1～2	150～250	70	14	90	0.5～0.75	37	
	冬花	1～2	25	90	2.5	80	0.15～0.25	14	
青鱼	过池	1～2	1000～1500	35	37	95	4以上	140	138
	过池	1～2	250～500	40	15	90	1～1.5	37	
	冬花	1～2	25	80	2	50	0.25～0.5	15	
鲢	过池	1～2	350～450	120	48	95	0.75～1.0	100	213
	冬花	1～2	100	150	12	90	1.0	135	
	春花	7	50～100	130	10	95	0.35～0.45	48	

续表 7-4

鱼类		放养				成活率(%)	收获(千克)		
		月份	规格(克)	尾数	重量(千克)		规格	毛产量	净产量
鳙	过池	1~2	350~450	40	16	95	0.75~12	40	75
	冬花	1~2	100	50	6.5	90	1.0	45	
	春花	7	50~100	45	3.5	90	0.35~0.45	16	
团头鲂	过池	1~2	150~200	200	35	85	0.35~0.4	60	52.5
	冬花	1~2	25	300	7.5	70	0.15~0.2	35	
鲫	冬花	1~2	50~100	500	40	90	0.15~0.25	90	154
	冬花	1~2	30	500	15	80	0.15~0.25	80	
	夏花	7	4厘米	1000	1	50	0.05~0.1	40	
总计	—	—	—	—	302	—	—	1052	750

该养殖模式的技术要点是:①草鱼和青鱼的放养量较接近。②同种异龄混养。放养种类和规格多(通常在15档以上),密度高,放养量大。③以成鱼池套养培养大规格鱼种,成鱼池鱼种自给率达80%以上。④以投天然饵料和施有机肥料为主,辅以青饲料和颗粒饲料的投喂。⑤7~9月份轮捕2~3次,6月份补放鲢、鳙春花为暂养于鱼种池的鱼种。

需要强调的是,青鱼上半年个体小,食谱范围狭窄;下半年贝类资源相对丰富。在饲养的中后期,青鱼投饲量增加,造成水质过肥,而青鱼较耐肥水;草鱼则喜欢水质清新,加之此时草类质量差,已不利于草鱼生长。因此,在生产上采取不同季节重点抓不同养殖对象的做法。在8月份以前抓草鱼投喂,使大规格草鱼在8月份左右达到上市规格,轮捕上市,稀疏密度,有利于留池草鱼的生长;而青鱼上半年主要抓饵料的适口性,8月份以后抓青鱼的投喂,促进青鱼生长,从而缓和青鱼和草鱼在水质上的矛盾。

四、以青鱼为主养鱼的混养类型

其主要包括2种类型：

一种是主要对青鱼投喂螺、蚬等贝类，利用青鱼的粪便和残饵饲养鲫、鲢、鳙、鲂等鱼类，见表7-5。其放养量较小，由于其天然饵料贝类资源量少，限制了该养殖类型的发展。

表7-5　以青鱼为主养鱼667平方米净产750千克放养收获模式（江苏吴县）

鱼类	放养			成活率（%）	收获（千克）		
	规格（克）	尾　数	重量（千克）		规　格	毛产量	净产量
青　鱼	1000～1500	80	100	98	4～5	360	355.5
	250～500	90	35	90	1～1.5	100	
	25	180	4.5	50	0.25～0.5	35	
鲢	50～100	200	15	90	1以上	200	185
鳙	50～100	50	4	90	1以上	50	46
鲫	50	500	25	90	0.25以上	125	124
	夏花	1000	1	50	0.05	25	
团头鲂	25	80	2	85	0.35以上	26	24
草　鱼	250	10	2.5	90	2	18	15.5
总　计	—	—	189	—	—	939	750

另一种是利用配合饲料养殖青鱼。目前青鱼配合饲料已研制成功，在生产上的应用初见成效，见表7-6。

表 7-6 以青鱼为主养鱼 667 平方米
净产 1000 千克放养收获模式(江西、湖北)

鱼 类	放 养			成活率(%)	收获(千克)		
	规格(克)	尾 数	重量(千克)		规 格	毛产量	净产量
青 鱼	25～50	120	8	80	1～1.5	125	117
	50～150	100	20	90	1.5～3	210	190
	1000～1500	80	100	90	4～5	338	238
鲢	50～150	300	30	90	1 以上	270	240
鳙	100～250	40	10	90	1.5 以上	55	45
团头鲂	50～100	300	22.5	85	0.5 左右	140	117.5
鲫	50～100	200	30	95	0.3～0.5	75	45
黄颡鱼	12.5 左右	200	2.5	50	0.1～0.25	10	7.5
总 计	—	—	223	—	—	1223	1000

该养殖模式的技术要点是:①池塘水深要求在 2.2 米以上。②必须使用高档配合饲料。③青鱼小规格鱼种尽量小(50 克左右),年底长至 1～1.5 千克,翌年作为大规格鱼种继续饲养。④养殖过程中及时捕出达到上市规格的鲢和团头鲂。⑤如果条件允许,应对青鱼进行轮捕。⑥可根据当地市场行情选择套养适量鳜或乌鳢等肉食性鱼类。

五、以鲮和鳙为主养鱼的混养类型

该类型是珠江三角洲普遍采用的一种养殖模式,见表 7-7。

表 7-7 以鲮和鳙为主养鱼 667 平方米
净产 750 千克放养收获模式(广东顺德)

鱼 类	放 养			收获(千克)		
	规格(克)	尾 数	重量(千克)	规 格	毛产量	净产量
鲮	50	800	48	0.125 以上捕出	360	276
	25.5	800	24			
	15	800	12			
鳙	500	40×5*	100	1 以上捕出	226	122
	100	40	4			
鲢	50	60×2**	6	1 以上捕出	106	100
草 鱼	500	100	60	1.25 以上	125	157
	40	200	8	0.5 以上	100	
鲫	50	100	5	0.4 以上	40	35
罗非鱼	2	1000	2	0.4 以上	42	40
鲤	50	20	1	1 以上	21	20
总 计	—	—	270	—	1020	750

注:* 指每次放养 40 尾,共放 5 次

** 指每次放养 60 尾,共放 2 次

该养殖模式的技术要点:①鱼产品要求均衡上市,长年供应。特别是鳙要求的食用规格和数量均较大,应采用多级轮养法及时提供足量大规格鱼种。②鳙一般每年放养 4~6 次。鲢第一次放养 50~70 尾,待鳙收获时,将达到 1 千克的鲢捕出。通常捕出数量与补放数量相等。③鲮放养密度大、中、小 3 档规格,依次分批捕捞出塘。因鲮饲料容易解决,耐肥能力强,食用规格较小,其肉味鲜美,售价较廉,故深受群众喜爱。④在饲养管理中,投饵与施肥并重。⑤养鱼与蚕桑或甘蔗(或花卉)相结合。在鱼池堤埂上或附近普遍种植桑树或甘蔗(或花卉),即所谓桑基鱼塘或蔗基鱼塘(或花基鱼塘),是一种综合经营的好形式,也是珠江三角洲养鱼的

重要特色。蚕粪是养鱼的优质肥料，蚕蛹是鱼的动物性饲料之一，甘蔗叶等可作为草鱼的青饲料；而塘泥则是桑树和甘蔗(或花卉)的优质肥料。按循环经济的要求发展渔业生产，促进生态效益和社会效益的提高。⑥经营管理细致。为保证产品均衡上市，各级鱼种池和成鱼池生产上环环紧扣，密切配合。

六、以鲤为主养鱼的混养类型

我国北方地区人民喜食鲤，加上其苗种来源远比草鱼、鲢、鳙容易解决，故很多地方采用以鲤为主养鱼的混养类型，见表 7-8。

表 7-8　以鲤为主养鱼 667 平方米

净产 500 千克放养收获模式(辽宁宽甸)

<table>
<tr><th rowspan="2">鱼　类</th><th colspan="3">放　养</th><th rowspan="2">成活率
(%)</th><th colspan="3">收获(千克)</th></tr>
<tr><th>规格
(克)</th><th>尾　数</th><th>重量
(千克)</th><th>规　格</th><th>毛产量</th><th>净产量</th></tr>
<tr><td>鲤</td><td>100</td><td>650</td><td>65</td><td>65</td><td>0.75</td><td>440</td><td>375</td></tr>
<tr><td rowspan="2">鲢</td><td>40</td><td>150</td><td rowspan="2">6</td><td>96</td><td>0.7</td><td>101</td><td rowspan="2">101.5</td></tr>
<tr><td>夏花</td><td>200</td><td>81</td><td>0.04</td><td>6.5</td></tr>
<tr><td rowspan="2">鳙</td><td>50</td><td>30</td><td rowspan="2">1.5</td><td>100</td><td>0.75 以上</td><td>22.5</td><td rowspan="2">23.5</td></tr>
<tr><td>夏花</td><td>50</td><td>80</td><td>0.05</td><td>2</td></tr>
<tr><td>总　计</td><td>—</td><td>—</td><td>72.5</td><td>—</td><td>—</td><td>572</td><td>500</td></tr>
</table>

这种养殖模式的技术要点是：①鲤放养量占总放养重量的 90%左右，产量占总产量的 75%以上。②由于北方鱼类的生长期较短，要求放养大规格鱼种。鲤由 1 龄鱼种池供应，鲢、鳙由原池套养夏花解决。③以投鲤配合饲料(颗粒料)为主，成本较高。④近年来该混养类型已搭配异育银鲫、团头鲂等鱼类，并适当增加

鲢、鳙的放养量，以扩大混养种类，充分利用池塘饵料资源，提高经济效益。

七、以杂交鳢为主养鱼的混养类型

主要是对杂交鳢（乌鳢♂×斑鳢♀）投喂冰鲜鱼或配合饲料，其中投喂配合饲料效果更好，见表 7-9。

表 7-9　以杂交鳢为主养鱼 667 平方米净产 2 000 千克放养收获模式（广东顺德）

鱼　类	放　养			成活率（%）	收获（千克）		
	规格（克）	尾　数	重量（千克）		规　格	毛产量	净产量
杂交鳢	0.2	6250	1.25	75.8	0.3～0.75	1920	1919
鲢	150～250	25	5.0	100	1.0	25	20
鳙	250～400	60	18.75	96.0	1.25	75	56
鲫	50	450	22.5	97.2	0.2	87.5	65
总　计	—	6785	47.5	—	—	2107.5	2060

该种养殖模式的特点是：①尽早放养杂交鳢鱼种，保证生长期在 200 天左右。②合理密养更有利于杂交鳢的抢食和生长，主养对象杂交鳢放养密度在 6 500 尾/667 平方米左右较适宜。③杂交鳢放养规格力求一致，及时合理投喂冰鲜鱼和配合饲料，防止杂交鳢大小个体的残食。④适当放养鲫利用残饵，放养鲢、鳙抑制有害藻类的生长，同时勤开增氧机，并定期用微生物制剂调节水质。⑤由于是高密度养殖，因此要特别注意防病，可定期用“保肝宁”、“酵母粉”、“三黄粉”等拌饵投喂。

八、以斑点叉尾鮰为主养鱼的混养类型

在网箱养殖空间日益受到限制的情况下,斑点叉尾鮰池塘养殖逐渐受到重视,该类型必须全程投喂优质全价配合饲料才能获得较好的效益。见表7-10。

表7-10 以斑点叉尾鮰为主养鱼667平方米净产1000千克放养收获模式(湖北潜江)

鱼类	放养			成活率(%)	收获(千克)		
	规格(克)	尾数	重量(千克)		规格	毛产量	净产量
斑点叉尾鮰	50~75	875	48	85.5	0.75以上	585	537
鲢	150~250	308	51	95.8	1.0~1.5	358	307
鳙	65~90	62	5	93.5	1.0~1.5	62.5	57.5
团头鲂	50左右	100	5	92.0	0.6~0.75	58	53
鲫	25左右	1000	25	95.2	0.06~0.08	72.5	47.5
草鱼	100左右	5	0.5	40.0	1.75左右	3.5	3
青鱼	100左右	2	0.2	100	2.1	4.2	4
总计	—	2352	134.7	—	—	1143.7	1009

该种养殖模式的技术要点是:①合理密养更有利于斑点叉尾鮰的抢食和生长,但密度过高时生长放慢,且由于中途水质恶化严重,发病率较高。所以其10~20厘米鱼种放养密度在1000~2000尾/667平方米较适宜。②鱼种下塘后及早驯食,成鱼养殖一般使用粗蛋白质含量在28%以上的斑点叉尾鮰专用饲料。③一般10~15天向鱼池加注新水1次,天气干旱时,应增加注水次数。也可结合使用水质改良药物和生物制剂,避免因水质恶化造成疾病发生。④如果鲫上市规格偏小,则将其放养密度减小,直至减小

到 50 ~ 80 尾/667 平方米。⑤可适当增加黄颡鱼的放养以提高经济效益。

思 考 题

1. 如何根据本地条件设计池塘混养模式?

参 考 文 献

[1]张扬宗,谭玉钧,欧阳海．中国池塘养鱼学．北京:科学出版社,1989

[2]王武．鱼类增养殖养．北京:中国农业出版社,2000

[3]刘建康,何碧梧．中国淡水鱼类养殖学(第三版)．北京:科学出版社,1992